THÉORIE

POUR L'AMÉLIORATION

DE LA

CULTURE DE LA VIGNE

D'APRÈS LA MEILLEURE PRATIQUE USITÉE DANS LE
DÉPARTEMENT DE LA CÔTE-D'OR.

Ouvrage écrit sur la pratique et destiné aux Propriétaires de vignobles
et aux Cultivateurs-vignerons.

36 ARTICLES ET 17 FAÇONS POUR LA CULTURE ORDINAIRE, ET 18 ARTICLES
POUR L'AMÉLIORATION DES TERRAINS, POUR LA CULTURE EXTRAORDI-
NAIRE ET TOUS LES GENRES DE CULTURE DES MEILLEURES LOCALITÉS
VIGNOBLES DU DÉPARTEMENT DE LA CÔTE-D'OR.

*Avec une Notice sur les maladies qui surviennent à la vigne ainsi que
des insectes qui lui sont nuisibles, et la manière de les détruire.*

PAR

CHARLES GARNIER.

LYON

Imp. et Lith. de H. STORCK, place du Plâtre, 8.

1857.

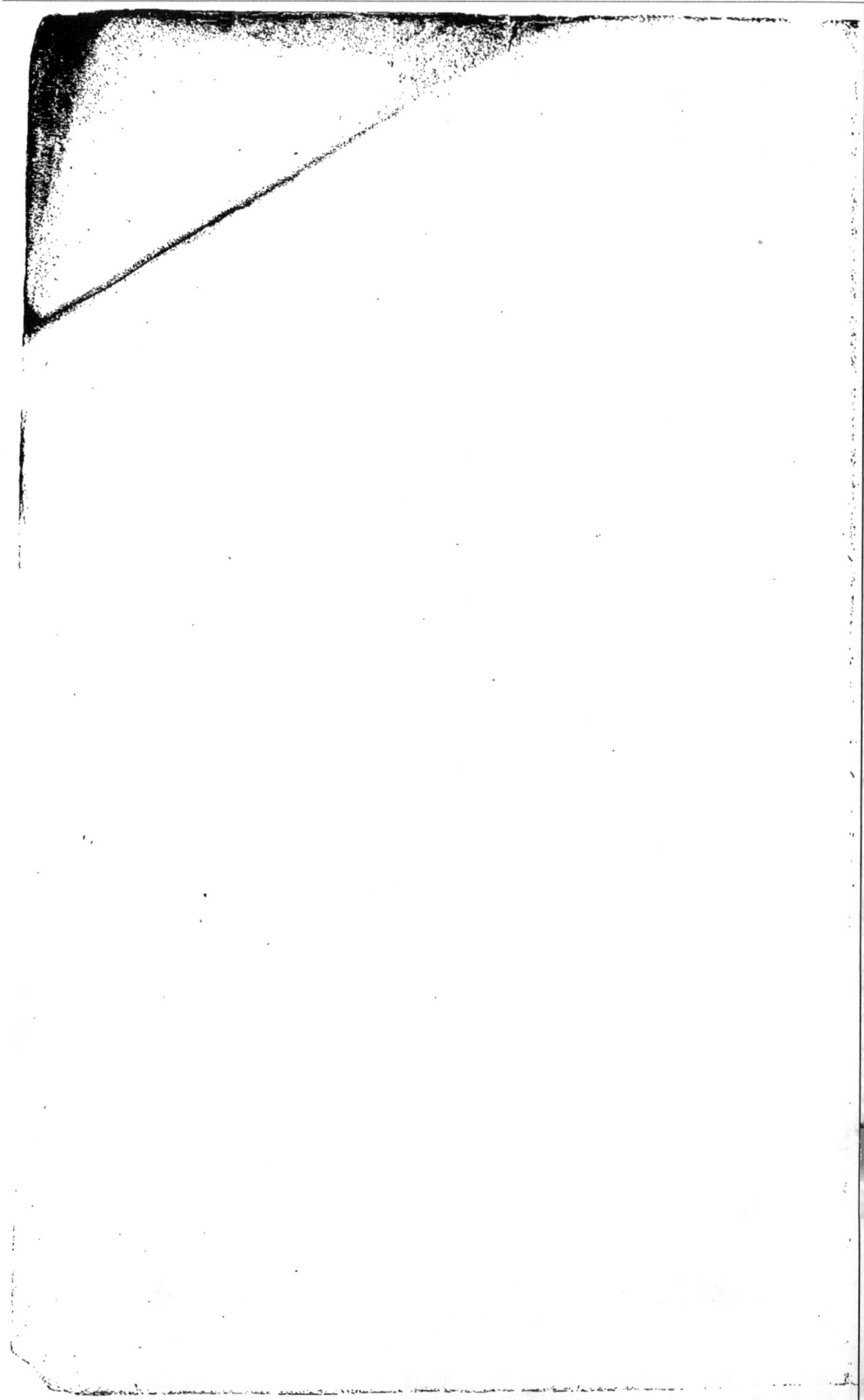

THÉORIE

POUR L'AMÉLIORATION

DE LA

CULTURE DE LA VIGNE

THÉORIE

POUR L'AMÉLIORATION

DE LA

CULTURE DE LA VIGNE

D'APRÈS LA MEILLEURE PRATIQUE USITÉE DANS LE DÉPARTEMENT DE LA CÔTE-D'OR.

Ouvrage écrit sur la pratique et destiné aux Propriétaires de vignobles et aux Cultivateurs-vignerons.

36 ARTICLES ET 17 FAÇONS POUR LA CULTURE ORDINAIRE, ET 18 ARTICLES POUR L'AMÉLIORATION DES TERRAINS, POUR LA CULTURE EXTRAORDI- NAIRE ET TOUS LES GENRES DE CULTURE DES MEILLEURES LOCALITÉS VIGNOBLES DU DÉPARTEMENT DE LA CÔTE-D'OR.

Avec une Notice sur les maladies qui surviennent à la vigne ainsi que des insectes qui lui sont nuisibles, et la manière de les détruire.

PAR

CHARLES GARNIER.

IMP. et LITH. de H. STORCK, place du Plâtre, 8.

1857.

AVERTISSEMENT.

La culture de la vigne ou viticulture, cet art si important surtout dans nos contrées, est abandonné à l'empire de l'habitude, disons le mot, de la routine : il est vrai qu'il existe des pratiques consacrées par un long usage ; mais une théorie complète manquait à la viticulture. C'est afin de combler cette lacune que j'ai entrepris cet ouvrage.

Jusqu'à ce moment nos agronomes ont bien fait des efforts pour acquérir et démontrer cette science, mais ils ne sont jamais parvenus qu'à en donner un faible aperçu, qui ne pouvait guère nous être utile pour nous diriger dans cette pratique, parce que les variétés de terrains sont tant multipliées, que pour connaître la culture, il faut cultiver ou être à sa suite.

Ainsi, pour entreprendre un ouvrage aussi utile, je n'ai pas voulu, malgré ma longue pratique et mon expérience, m'en rapporter à mes connaissances ; pour atteindre mon but, j'ai dû prendre des renseignements auprès des cultivateurs les plus expérimentés, afin d'élever ma théorie au plus haut degré de perfection, connu, pour ainsi dire, uniquement des cultivateurs les plus célèbres, et employés par eux seuls.

J'ai fait tous les essais qui sont parvenus à ma connaissance, relativement à cette science, avant d'adopter le plan définitif de cette théorie, que j'ai basée spécialement sur la pratique.

Les principes de la culture de la vigne demandent de grands détails pour leur démonstration entière et précise. Cependant les variétés de culture sont tellement multipliées, que, pour rester clair, j'ai dû ne point entrer dans d'aussi longs détails que je l'eusse désiré ; je me suis abstenu de dissertations inutiles à mon point de vue.

En parcourant les principaux départements où la culture de la vigne est le plus en usage, j'ai trouvé une grande différence auprès de celle du département de la Côte-d'Or, quoique cependant la culture soit à peu près la même ; il n'y a que l'amélioration qui soit en retard dans les autres départements.

Avec les connaissances usitées de la culture dans le département de la Côte-d'Or, on peut élever la vigne dans tous les départements ; celui de la Côte-d'Or peut occuper le premier rang, tant pour la culture ordinaire que pour la culture extraordinaire, c'est-à-dire pour les améliorations de terrains ; la vigne de la Côte-d'Or, plantée généralement dans des terrains délicats, exige de grands soins ; c'est ce qui lui donne un si haut degré d'amélioration.

Avec tous les renseignements que j'ai pris auprès des plus célèbres cultivateurs-vignerons, et avec ma pratique, bien suivie, on ne sera pas embarrassé pour démontrer théoriquement les connaissances que l'on aura puisées dans cette ouvrage ; il y aura sans doute de mauvais cultivateurs-vignerons qui contrediront ce que je dis, mais il ne faut pas que cela vous empêche de mettre en pratique les procédés que j'explique ; car si l'on voulait écouter l'opinion de tout le monde, on ne pourrait rien faire de bon. Que les personnes qui voudront suivre les méthodes que j'indique aient donc une entière confiance en moi, je suis certain qu'elles n'auront pas à s'en repentir. Voilà plus de dix ans que j'étudie sous toutes ses faces la culture de la vigne, et je n'ai pas à craindre de voir mon expérience en défaut.

Beaucoup de cultivateurs sont à même de perfectionner la culture de la vigne et de la traiter, par une bonne pratique mieux qu'ils ne le font, si ce n'était le peu de fruits, qu'ils retireraient d'un surcroît de travail.

Souvent si vos vignerons négligent vos vignes, la faute en est à vous ; car généralement ils gagnent à peine leur vie ; or, s'ils sont mal rétribués, ils ne cultiveront pas vos vignes comme ils le devraient ; moins vous leur donnerez, moins vous récolterez : une économie mal entendue produit toujours une perte.

Il faut que les vignerons aient intérêt à l'amélioration de vos fonds, si vous voulez obtenir d'eux un travail zélé et intelligent.

On doit récompenser honnêtement et surveiller sévèrement. Il y a des propriétaires de vignobles qui ne donnent pas le prix des façons : ils croient faire des économies, mais ils se trompent, parce qu'ils ne trouvent pas de bons cultivateurs, ils se servent de gens, qui sont incapables de donner aux vignes les façons dans la forme qu'il faudrait les donner, et qui même ne le font pas avec confiance ; il faut que les bons ouvriers, si l'on veut en avoir, soient convenablement rétribués ; car souvent c'est le bon maître qui fait le bon vigneron.

Il existe aussi des cultivateurs qui ne méritent pas la confiance que les propriétaires leur accordent ; il y en a dis-je, qui cultivent la vigne et qui n'y connaissent presque rien ; souvent ces vignerons perdent votre exploitation par des frais inutiles, en cultivant des vignes qui ne sont bonnes qu'à être arrachées, qui ne rapportent pas pour les dédommager de leurs frais de culture, ou qui ne donnent pas les façons à l'époque favorable à la vigne, même quelquefois ils les négligent tout-à-fait.

Voilà pourquoi j'ai conçu le projet d'écrire cet ouvrage sur ce sujet si important; c'est dans l'intérêt du propriétaire aussi bien que dans celui du bon vigneron. Mon but est de leur être utile en leur donnant le plan d'améliorer les vignes, les fonds et les plants de vigne. Parmi les cultivateurs-vignerons, il y en a qui connaissent bien la culture ordinaire, qui exécuteront les façons d'une manière irréprochable, et qui pourtant ne seront pas capables de donner un plan pour améliorer un fonds; comme il y en à d'autres qui ne connaissent guère la culture ordinaire, et qui donneront de bons plans pour la culture extraordinaire : il est assez rare de rencontrer des cultivateurs qui réunissent les deux talents à un haut degré de perfection.

Quoi que l'on en dise, la culture est plus difficile que l'on ne le pense généralement; cela n'est pas mal aisé de cultiver la terre, mais c'est très-difficile de le faire avec intelligence; tous ceux qui piochent la terre ne sont pas bons cultivateurs, il s'en faut de beaucoup.

Pour ne rien omettre dans cette théorie, j'ai décrit les façons en leurs temps et saisons, dans l'ordre même de la nature; j'ai indiqué les époques favorables à leur exécution, bien que, cependant, dans les terrains chauds on ne peut avancer l'ouvrage, et le retarder dans les terrains froids; c'est aussi souvent dans les années où la température est plus chaude qu'ordinairement, qu'on peut se hâter, et dans celles froides qu'on est forcé de retarder l'époque des façons.

Depuis long-temps, les cultivateurs disent qu'il est impossible d'écrire sur la culture d'une manière générale, qu'il y a trop de variétés de terrains. Je sais parfaitement que le sol varie, qu'il change à chaque pas ; mais il n'en résulte pas une grande différence pour la culture. A moins que l'on ne cultive mieux dans de certains endroits que dans d'autres, on doit le faire également ; seulement il faut qu'un fort terrain soit remué plus profondément qu'un léger.

Si l'on voulait s'en rapporter au dire des cultivateurs, il faudrait bien trois genres de culture différents pour le même sillon, parce que souvent, dans un sillon, la nature du fonds change plus de trois fois : dans des endroits, il est fort, tandis que dans d'autres il est faible, la fondation étant de rocher, de gravier ou de marne ; on doit donc donner à chaque terrain une culture analogue à ses dispositions. Ainsi il ne faut pas cultiver profondément dans une vigne où il n'y a guère de terre, car on détruirait toutes les racines de la vigne ; mais, par compensation, il serait utile de cultiver plus souvent.

Or, il vous est bien facile de comprendre la culture de la vigne avec cette théorie ; vous pouvez même apprendre à vos vignerons à la cultiver, s'ils ne savent pas bien le faire, et les reprendre en cas qu'ils n'exécutent pas bien les façons. Les catégories qui existent dans la culture de la vigne, ce ne sont que les plants et les terrains qui les occasionnent ; alors il est bien facile de distinguer le noirien du gamet et un fort terrain d'un petit.

Cette théorie contient beaucoup d'améliorations, qui jusqu'à ce moment ne sont pas encore en pratique, et que vous pouvez faire exécuter sans rien craindre.

Si on cultivait la vigne partout comme on le fait dans la Côte-d'Or, le produit en serait beaucoup plus abondant. Dans beaucoup de départements le vin serait d'une meilleure qualité, parce que la culture avance la maturité des raisins.

On peut traiter la vigne comme je l'explique dans cette théorie, même avec d'autrēs plants que ceux que j'indique. Je les ai essayés moi-même et j'ai toujours réussi ; j'ai aussi pris des plants élevés en treillages, je les ai cultivés en pleine terre comme les autres plants et j'ai obtenu un égal succès. Il est vrai que le sol du département de la Côte-d'Or convient presque à tous les plants, quoique la vigne ne réussit pas dans certains terrains de ce département.

Quant aux principaux plants que l'on cultive ordinairement, je les ai presque tous mis en pratique, et j'ai fait sur leur culture tous les essais qui sont à ma connaissance, afin de les améliorer.

Il esi bien possible que ma pratique ne soit pas tout-à-fait la même que celle des cultivateurs-vignerons ; car beaucoup d'entre eux emploient divers moyens, mais cela n'empêche pas qu'ils ne soient bons cultivateurs.

Des légers changements dans les façons ne nuisent pas à leur efficacité ; j'ai remarqué deux des cultivateurs les plus renommés de nos localités, qui avaient un genre bien différent de tailler leurs vignes : l'un élevait les ceps, et l'autre les abaissait ; mais le premier n'a pas pu continuer long-temps d'appliquer ce procédé, parce que les ceps étant un peu hauts périssaient dans l'hiver ; la partie hors de terre, surtout, ne pouvait résister à la gelée, car les ceps étaient trop élevés pour un terrain si faible, et pour un climat si froid. Quant à celui qui tenait ses ceps très-bas, il réussissait parfaitement. On voit donc que, plus le terrain est faible, le climat froid, plus on doit tenir les ceps bas.

Voilà ce qui prouve qu'il peut y avoir de bons cultivateurs qui peuvent contredire mes écrits, être plus en retard que moi ; ainsi donc, je suppose dans ce moment que mon ouvrage soit examiné et que l'on trouve des dommages et intérêts, ce ne serait que par économie ou pour avancer davantage.

Ainsi, comme je l'ai déjà dit, j'ai basé cette théorie sur les méthodes de culture employées pour la vigne, dans le département de la Côte-d'Or ; c'est que ce genre de culture y est beaucoup plus avancé que dans les autres départements, et peut servir presque pour tous les vignobles, de quelque endroit que ce soit, même hors de la France.

Maintenant je dois prévenir le lecteur que mon intention est d'expliquer la culture de la vigne dans les termes techniques employés par les cultivateurs-vignerons, afin d'en faciliter l'intelligence et de rester compréhensible pour les simples vignerons, qui souvent ne me comprendraient pas, si je dédaignais de me servir de leur langage. Que les puristes me le pardonnent donc en faveur de l'intention.

AGRICULTURE.

THÉORIE D'AGRONOMIE.

CULTURE DE LA VIGNE.

Culture ordinaire et Culture extraordinaire.

ARTICLE PREMIER.

De la situation du terrain convenable pour planter la vigne.

Pour que la vigne réussisse bien dans un fonds, il faut que le terrain soit exposé au midi ou au levant, et que le sol soit chaud et en côte, ou sur les hauteurs; la vigne réussit aussi dans les plaines, mais c'est dans des terrains fertiles et près des côtes, surtout dans ceux sur le gravier, et dans les fonds de terre calcaire.

Combien les cultivateurs de la vigne se sont enrichis depuis ces dernières années, et combien ils ont amelioré la culture !

Il existait beaucoup de terrains qui ne valaient presque rien en terre, et depuis qu'on les a plantés en vigne, ils sont d'un assez bon produit et le vin d'une assez bonne qualité : voilà ce qui prouve que chaque plante a son terrain qui lui convient : Si l'on cultive des fonds en terre et que le terrain soit convenable à la vigne, c'est perdre son temps, parce que les plantes ont leur terrain presque particulier, où elles croissent mieux que dans les autres ; c'est tout comme si dans les terrains qui conviennent en terre on y plantait de la vigne, il serait inutile de la cultiver, car la vigne étant dans un terrain non convenable, elle serait d'un mauvais rapport : elle croîtrait bien, mais son fruit ne profiterait pas, parce qu'elle serait sujette à trop de maladies. Ainsi toute vigne plantée dans un terrain aquatique ne peut pas réussir ; de même qu'une autre plantée dans un endroit trop haut subirait l'influence fâcheuse de l'air; mais il ne faut pas en conclure pourtant qu'il n'y ait des terrains qui conviennent aussi bien en vigne qu'en terre.

Ce petit arbrisseau, si faible et si fertile, est sujet à bien des revers : la vigne est une plante folle, tantôt elle produit peu, tantôt elle produit beaucoup ; si elle ne réussit pas tous les ans, c'est par un défaut de la température, parce qu'elle pousse toujours assez en fruit, quand elle est plantée dans un terrain convenable. Les principaux ennemis de la vigne sont : la gelée, la grêle, les insectes et les maladies ; telles que (*meureiger*) ou farciner, l'écrivain ou gribouri, le rougeot, etc, et si elle n'était pas sujette à tant de revers son produit serait plus régulier.

Quoique la vigne se plaise bien dans des coteaux exposés au levant et au midi, elle réussit aussi bien dans ceux qui sont un peu à l'opposé du soleil; mais il faut que le **sol soit chaud et fertile, sans cela le raisin ne pourrait pas** mûrir. Ou pour qu'il mûrisse bien et que le vin soit d'une bonne qualité, il faut, outre la chaleur du sol, que le terrain soit délicat et pierreux ; les pierres, loin de nuire à la croissance de la vigne contribuent, au contraire, à sa prospérité : aussi est-elle très-vigoureuse dans les décombres, dans la place des anciennes bâtisses, dans les cailloux dans les fondations des terrains où il se trouve de la terre entre les rochers, et les graviers terreux, etc. La vigne croît bien aussi dans les terres douces ; mais il faut toujours que le sol soit chaud et fertile, et la température favorable ; dans ce cas, elle racinerait presque partout, et pousserait même beaucoup de bois. Mais si le sol ne lui est pas favorable, ni la température, la force du cep se porte plutôt dans les bourgeons que dans les raisins ; alors ce serait peu de chose que la récolte. Voilà pourquoi il est utile de prendre des précautions pour la planter dans un terrain convenable, afin de ne pas faire des dépenses inutiles.

ART. 2.

Manière de préparer le fonds pour planter la vigne.

Pour planter de la vigne, si l'on veut faire du bon ouvrage, il faut que le terrain soit bien reposé ; c'est-à-dire qu'on doit laisser s'écouler un intervalle assez long avant de le replanter, sans pourtant l'abandonner sans culture, parce que si l'on replantait la vigne dans un fonds où l'on viendrait de l'arracher, elle ne réussirait pas bien. Mais si vous voulez planter un fonds qui n'ait jamais été en vigne, ou qu'il ne l'ait pas été depuis long-temps, vous pourrez planter quand vous voudrez.

Le moins que vous puissiez laisser reposer un fonds, avant de le planter en vigne, fût-ce le meilleur du pays, doit être de six ans, encore faut-il que ce soit après du sainfoin. Si vous cultivez ce fonds en terre, vous devez rester au moins huit ou dix ans avant de le planter ; mais si vous avez semé tout autre pré artificiel il faudra attendre dix ou douze ans. C'est aussi suivant la force du terrain : plus le terrain est fort et fertile, moins vous pourrez le laisser reposer ; plus, au contraire, il sera maigre et faible, plus vous devrez attendre pour le replanter. Un bon terrain aura assez pour se reposer, de six à huit ans, mais c'est le moins que l'on puisse faire, et s'il n'est pas bon ou médiocre, il faudra nécessairement attendre au moins douze à quinze ans, avant d'y remettre la vigne. Cependant on peut encore avancer ce temps, en faisant subir au fonds de bonnes améliorations ; et vous améliorez un fonds en le fumant, en le terrant comme il convient, et alors il se trouve plus tôt prêt à produire du vin. Ainsi un fonds qui demanderait quinze ans de repos, pourrait être avancé de deux ou trois ans, si on l'arrangeait bien, si on le soignait comme il faut.

J'en ai moi-même fait l'essai. J'avais un fonds assez bon, je l'ai fait miner et ranger comme il convenait : une portion de ce fonds est restée six ans en sainfoin ; une autre, tout à coté, où il y avait même plus de terrain que dans la première, n'est restée que quatre ans : je les ai plantées en même temps, et aujourd'hui il s'en faut de beaucoup que la vigne soit si jolie dans la portion qui a moins reposé, bien qu'elle eût plus de terrain que dans l'autre qui avait été six ans en sainfoin ; les plants de la portion

qui n'a eu que quatre ans de repos sont bien en retard
aujourd'hui, et on donnerait deux ans de plus aux plants
du fonds qui est resté deux ans de plus en repos (il n'y a que
six ans que je l'ai plantée dans cette portion), qui est resté
deux ans de plus en sainfoin, et cependant les deux portions
de ce fonds avaient été également bien fumées, également
bien arrangées.

Le temps que l'on laisse reposer un terrain où l'on veut
planter de la vigne, ne retarde jamais son accroissement ;
au contraire, elle marche dès les premières années même
qu'elle est plantée, avec une force prodigieuse.

Si vous ne laissez pas reposer le terrain assez long-temps,
si vous plantez trop tôt la vigne, le fonds prends toujours
son repos ; il se repose en plante, et, malgré la culture,
les plants sont très-longtemps à venir. Si vous plantez trop
tôt, la terre n'est pas assemblée, les racines ne peuvent
pas croître, et la vigne met beaucoup plus de temps à raciner.

Non-seulement elle se resent de cette faute dans les premières années, pendant qu'elle est jeune, mais elle s'en
ressent tant qu'elle est en vigne ; les raisins ne profitent
pas, et la plupart du temps ils sont mal faits et petits ; les
grumes des raisins sont aussi très-petites ; enfin les raisins sont tels qu'ils ne ressemblent pas du tout aux raisins
des mêmes plants, provenant d'un fonds qui aurait reposé
quelques années de plus.

Pendant qu'une vigne est arrachée, si le terrain est faible et léger, il ne faut pas craindre de faire pâturer le
fonds ; car plus le terrain sera raffermi, mieux cela vaudra :
plus la terre est ferme plus la vigne profite ; dans un terrain qui n'a pas assez reposé, quand même la vigne serait
forte et vigoureuse en premier, elle serait abattue plus tôt
qu'une autre dont le fonds aurait bien reposé.

Avant de planter la vigne, on doit détruire les haies et les murgets, refaire les murs de clôture ; si le terrain est humide, on doit vider les raies ou les remplir de pierres, et creuser les fossés, afin d'élever le terrain et de l'assainir.

ART. 3.

D'ensemencer du sainfoin.

Pour ne rien omettre dans les principes de la culture de la vigne, il est utile d'expliquer le vrai genre d'ensemencer et de traiter les sainfoins.

Dans les fonds que l'on veut semer en sainfoin, s'ils sont ensemencés de blé, on peut y jeter la graine de sainfoin, pourvu que la végétation ne soit pas trop grande ; après que le sainfoin est sur la terre, on peut rouler ou herser le blé avec le dos de la herse, afin de ne pas l'arracher, ou même se servir d'une branche d'arbre ou d'un fagot de bois, que l'on fait traîner par-dessus pour gratter un peu la terre ; le blé et le sainfoin pourront végéter tout ensemble. Si peu que la terre soit grattée ou roulée, le sainfoin se trouvera bien.

Si l'on veut semer le sainfoin sur d'autres céréales, on peut ensemencer après avoir labouré ou hersé la terre du côté des dents de la herse. Si l'on ne veut ensemencer dans un fonds que du sainfoin, on doit toujours avoir recours aux mêmes opérations ; seulement, si le terrain n'est pas bien préparé, il faut le labourer, semer ensuite et herser. Si on laboure le fonds à la meigle, on peut l'ensemencer avant, parce que la meigle ne fonce pas si bas que la charrue.

Le sainfoin n'aime pas à être semé bas ; on doit semer la graine à fleur de terre pour qu'il croisse et végète bien, et plus on le sème épais mieux cela vaut ; mais cependant il n'est pas utile d'en mettre par trop, car alors ce serait de la graine perdue. Il faut, pour ensemencer une ouvrée de sainfoin, de quinze à vingt litres de graines, pour qu'il soit bien garni ; car plus il est garni, plus il a de qualité, il n'est pas aussi gros mais bien plus délicat.

La meilleure saison pour l'ensemencer est du quinze mars à la fin d'avril ; mais cependant on pourrait, à la rigueur le semer presque toute l'année, depuis le mois de mars jusqu'au mois d'août, pourvu qu'il puisse végéter avant l'hiver ; c'est assez, mais il vaut toujours mieux le semer de bonne heure, pour qu'il soit plus fort pour résister aux chaleurs et aux gelées.

Mais il est nécessaire de l'ensemencer le plus tôt possible ; si on l'ensemence dans les céréales, de peur qu'il soit étouffé par leur végétation et afin qu'il soit moins sujet à périr, on doit le sarcler toutes les fois qu'il en aura besoin, afin que les mauvaises herbes ne lui soient point nuisibles ; moins les herbes l'endommageront, plus le sainfoin sera fort et abondant ; mais c'est fort rare si on le récolte la première année qu'il a été semé ; on ne doit pas non plus le sarcler quand la terre est mouillée, parce qu'on l'endommage beaucoup en le foulant aux pieds.

Si le sainfoin est semé dans un petit terrain, il faut mettre un peu plus d'engrais, pour le mieux faire végéter et croître, et pour améliorer le terrain.

L'engrais prépare le fonds à être encore plus tôt replanté en vigne. Il faut tâcher de le répandre de manière que le sainfoin soit tout-à-fait couvert, afin que la surface de la terre soit plus tôt en gazon. S'il se trouve des culs de terre en dessous, on doit les charroyer avant de semer le sainfoin, pour que la terre se raffermisse mieux, cela est bien meilleur ; au moins la terre s'assemble, se raffermit, le sainfoin et la vigne viennent beaucoup mieux.

Le sainfoin a des moments tout particuliers pour être semé et qui méritent bien d'y faire attention : il faut qu'il soit semé par un temps sec ; s'il vient à pleuvoir le jour de la semence, il ne croîtra pas bien, il ne se trouvera pas épais. Le sainfoin ne réussit pas quand il tombe de l'eau le jour qu'on l'a semé ; plus le temps est sec, plus on est sûr de réussir, il en germe davantage que quand le temps est humide.

Enfin, il faut choisir pour le semer un jour que le temps soit tout-à-fait au hâle.

Le sainfoin est une plante qui ne dure pas long-temps ; au bout de cinq à six ans, il est usé. Aussitôt que le gazon commence à couvrir la surface de la terre, il commence à se perdre, et il est remplacé par d'autres herbes ; mais si le fonds après cela n'est pas prêt à planter, on doit lever le sainfoin pour ensemencer des céréales, parce que si l'on laissait croître des mauvaises herbes dans ce fonds pendant plusieurs années après qu'il serait usé, le fonds, après n'avoir rien produit de bon, n'en serait pas mieux reposé qu'après le sainfoin, attendu qu'après que les mauvaises herbes ont végété dans le fonds, il n'est pas mieux disposé à être replanté, qu'après que le sainfoin est usé.

Mais aussitôt après l'usure du sainfoin, si le fonds a été un peu soigné, l'on y fait des améliorations et, pourvu que le terrain soit assez bon, on peut planter de la vigne, parce que le sainfoin porte engrais, et alors tout ce que l'on sème après lui réussit bien ; on est toujours sûr d'avoir une bonne récolte. On doit pourtant le lever pour ensemencer : si le terrain est faible on a bien tort de planter de la vigne si tôt ; car elle ne dure pas toujours assez long-temps ; il vaut beaucoup mieux l'ensemencer d'autres plantes, que d'y mettre de la vigne. Après avoir cultivé le fonds en terre quelques années, on peut l'ensemencer de nouveau en sainfoin, et le laisser user pour y planter de la vigne.

Autrefois, quand les anciens arrachaient une vigne, ils n'ensemençaient rien dans les fonds, ils s'imaginaient que la terre se reposait mieux sans culture ; ce n'était que des mauvaises herbes qui y croissaient, et le terrain perdait au lieu de gagner à rester en friche. Tout au contraire, la terre ne reposait pas aussi bien, en ne produisant que des mauvaises herbes, que du sainfoin, ou d'autres plantes ; car la mauvaise herbe ne fait qu'altérer la terre, et le fonds n'est pas aussitôt prêt à replanter.

Dans la place d'une vigne arrachée, on fait de meilleures récoltes que dans une mauvaise vigne. Autrefois on ne connaissait pas la valeur des terres, et on les laissait en friche. Il ne faut pas craindre de faire produire la terre, elle ne s'use jamais ; seulement elle se lasse quelquefois de rapporter, les fonds ne font que s'améliorer ; ceux qui croient que les terres ne rapportent guère, parce qu'elles sont usées, ne connaissent pas la culture, ou c'est un défaut de leur négligence, car toutes les terres ont toujours rapporté et rapporteront toujours.

Dans les fonds où le sainfoin ne réussit pas, on peut y semer d'autres céréales, ou d'autres plantes fourragères, pour préparer le fonds à planter de la vigne. Le sainfoin est une plante qui croît presque partout où croît la vigne ; on ne peut pas faire de meilleur ouvrage que de semer du

sainfoin pour faire reposer un fonds que l'on veut mettre
en vigne. Une vigne prospérerait certainement mieux après
du sainfoin, qu'après toute autre plante, et un fonds repose
mieux en sainfoin pendant six ans que pendant dix en d'autres prés artificiels.

ART. 4.

Des plants de vigne et de la manière de les reconnaître.

Des terrains qui leur sont convenables.

Les principaux plants de vigne sont : 1° le noirien rouge,
connu généralement sous le nom de Pineau ; 2° le noirien
blanc, connu par les cultivateurs vignerons sous le nom
d'Aligouté ; 3° le gamet rouge, 4° les petits blancs ; et on en
reconnaît de plusieurs espèces de chacun d'eux, qui sont
plus ou moins bons, et auxquelles il se trouve une grande
différence ; chaque plante a son terrain qui lui est plus convenable l'un que l'autre.

1° NOIRIEN ROUGE. — Le noirien rouge, quoique vigoureux, ne convient que dans les coteaux et dans les terrains chauds, qui ne craignent guère la gelée, parce que
si le noirien vient à être gelé il ne repousse guère et n'a
point de raisins ; il faut donc lui choisir un terrain tout-à-
fait convenable pour le planter, si l'on veut en avoir un
bon produit, parce qu'il est plus sujet aux maladies que
les autres plants ; s'il produit du meilleur vin que les au-

tres, le plant lui-même a aussi besoin de plus de soins dans sa culture.

Le noirien est le plan le plus parfait ; c'est lui qui produit le meilleur vin qui existe ; il y a une différence énorme entre le noirien et le gamet, quand même ils seraient plantés dans le même fonds l'un à côté de l'autre. Le noirien serait planté dans un terrain qui ne produirait pas de si bon vin que le gamet, dans un terrain délicat, qu'il produirait un vin aussi exquis. Cependant, quoique le bon vin ne dépende pas du plan, il y contribue beaucoup. Je suppose que l'on plante du gamet dans un terrain qui produirait du bon vin, et que l'on plante du noirien dans un terrain bien inférieur, le vin du noirien sera presque aussi bon que celui du gamet, à moins qu'il ne soit dans un sol très-froid.

Le plan du noirien est bien commode à reconnaître auprès des autres plants ; son bois est plus petit, plus fluet, les nœuds moins écartés que dans les autres, les boutons sont plus blancs et plus petits que ceux des autres plants ; le noirien pousse en œillets, et quand les bourgeons commencent à pousser, les feuilles qui l'entourent sont blanchâtres, et plus tard celles du cep sont plus petites et plus écaillées.

2° NOIRIEN BLANC. — Le noirien blanc convient dans les mêmes terrains que le noirien rouge, le plant est presque de la même nature ; si ce n'était la couleur du fruit, on n'en ferait presque point de différence. Cependant il est encore plus vigoureux que le noirien rouge ; on peut le planter dans des terrains plus délicats et plus faibles, qu'il y pourra réussir. Il y a beaucoup de terrains qui sont plantés de ce plant, et qui sont d'un assez bon rapport, tandis qu'ils ne pourraient pas réussir s'ils étaient plantés de noirien rouge.

Quoique ces deux plants soient presque de la même nature, leur bois diffère assez entre eux, mais ils sont bien faciles à reconnaître tous deux. Dans le noirien blanc, le bois est plus gros, ses nœuds plus écartés que dans le noirien rouge ; les boutons sont aussi un peu plus gros. Pour la pousse, au commencement de la végétation, les bourgeons sont plus gros, les feuilles sont aussi plus larges, et les raisins plus gros et plus nourris ; mais, par la suite, ils ne diffèrent guère pour leur grosseur, de ceux du noirien rouge.

Le blanc pousse encore moins de bourgeons que le rouge, et les branches de sarment sont plus jaunes, plus rougeâtres et presque aussi grosses dans le haut que dans le bas de la taille. Nous avons déjà dit que ces deux plants sont presque de la même nature, mais qu'ils ne sont pas si abondants que tous les autres ; quand même ils seraient plantés dans de meilleurs terrains, jamais ils ne pousseraient tant de fruits que les autres plants, car ils n'ont jamais plus de deux raisins par branches ; c'est la nature des plants qui fait cela. La supériorité de la qualité du noirien vient précisément de l'infériorité de leur abondance et de leurs fruits.

3° GAMET. — Le gamet réussit presque dans tous les terrains ; cependant si le terrain où on le plante était délicat ou un peu faible, il ne pourrait pas tenir ; il ne pousserait bientôt plus guère de bois, il se serait bientôt efforcé en fruits, parce que ce plant est trop abondant : il pousse beaucoup de raisin et le terrain n'aurait pas la force de les faire venir à leur grosseur ordinaire. Si l'année était sèche et que les raisins vinssent à harsir, il y aurait trop de perte de planter du gamet dans un mauvais terrain, parce que, une fois harsis, les raisins de ce plant ne de-

viennent jamais à la grosseur qu'ils devraient avoir ; en
même temps, les ceps ne pourraient presque point pousser
de bois, on ne pourrait pas proviner et la vigne ne durerait
pas long-temps, elle serait bientôt épuisée ; il faudrait l'arracher trop souvent pour la replanter ; ou bien, pour l'entretenir, il faudrait charger le fonds d'engrais, et recommencer très-souvent, car sans cela cette vigne ne vaudrait
pas la peine d'être cultivée.

Il y aurait de la perte à planter du gamet dans les terrains
qui produisent le bon vin ; cela ferait dégénérer la qualité
de la cuvée, parce que, pour avoir du bon vin, il faut que
le plant y soit, pour que le goût du vin soit parfait.

Le gamet est très-facile à reconnaître auprès des autres
plants ; avant la taille on le reconnait par son bois, qui est
plus gros et moins étendu que les autres, et n'a jamais
tant de force. Son bois ressemble à celui du noirien blanc,
et les nœuds sont aussi très-écartés, les boutons y sont encore plus gros, blanchâtres et souvent doubles ; mais le
bois est beaucoup plus moelleux. Si le gamet n'a pas beaucoup de force, c'est à cause qu'il est plus abondant ; le bois
est très-souvent chenevoté, et finit presque tout d'un coup.

On le voit, dans le temps de la pousse, les bourgeons
sont très-gros et presque tous rouges de raisins ; ses feuilles sont larges et moins écaillées que dans le noirien rouge ;
les raisins grossissent et s'allongent à mesure que les
bourgeons grandissent, et on voit les bourgeons en pousser deux, trois, et même jusqu'à quatre, et nous avons
vu que les noiriens n'en poussaient qu'un ou deux au plus à
chaque bourgeon.

4° PETITS-BLANCS. — On les appelle petits-blancs, parce
que ces plants produisent un vin bien inférieur au noirien
blanc.

On distingue trois sortes de plants en petits blancs, qui ont chacun leur terrain convenable, terrain qui diffère essentiellement l'un de l'autre. Quand on plante une vigne en blanc, il faut avoir bien soin de choisir le terrain, et de placer le plant que l'on veut avoir dans celui qui lui convient le mieux.

Les trois sortes de plants de même nature que le gamet, sont : 1° le plant gris, 2° le melon, 3° le gamet blanc. Mais bien que ces trois sortes de plants soient de même nature, cependant, il existe entre eux une grande différence ; or, cette différence consiste dans le bois, le raisin, et la feuille. (Nous en donnerons l'explication en temps et lieu.) Les plants diffèrent encore de ceux dont nous avons parlé plus haut ; mais ils sont bien faciles à reconnaître. Le bois de ceux-ci ressemble un peu au gamet, mais il est encore plus doux à couper, et plus moelleux que les autres plants. Le plant gris a le bois jaune comme le noirien blanc, mais il n'est pas aussi vigoureux. On le voit au commencement de la végétation pousser des raisins aussi nombreux que le gamet rouge, mais ses feuilles sont très-rondes et très-peu écaillées ; dans la suite en émondant, elles deviennent très-larges ; ses raisins, comme ceux du gamet, deviennent très-gros et très-longs.

1° PLANT GRIS. — Le plant gris convient dans les terrains de montagne, pourvu qu'ils soient très-chauds et bien exposés, parce qu'il craint plus les rigueurs du temps que les autres ; quand il a été gelé, quand il commence à pousser, et à la veille des vendanges, cela lui fait beaucoup de tort ; quand il a été gelé au printemps, il ne repousse guère ou point en raisins ; à la veille des vendanges, si peu que les matinées soient fraîches, les feuilles tombant, les raisins s'égrument. Voilà pourquoi il est utile de planter le plant gris dans les terrains chauds.

2° MELON. — Le melon n'est pas de même, il ne convient pas dans les mauvais terrains, il est presque sans force et les raisins n'y profitent pas aussi bien. Il ne convient que dans les forts terrains, même en plaine, quand même ils seraient un peu froids. Il craint bien également les gelées du printemps, mais les matinées fraîches qui viennent à la veille des vendanges lui font peu de mal : les feuilles ne tombent pas aussitôt et les raisins n'en souffrent aucune atteinte, ou fort rarement à moins que le terrain et le climat soit très-froid et la gelée trop rude.

On le distingue du plant gris par son bois qui ne lui ressemble pas du tout : le bois du melon, au lieu d'être jaune comme celui du plant gris, est blanchâtre ou grisâtre ; les nœuds sont plus rapprochés, et les boutons sont comme ceux du noirien très-petits, et pour la pousse les bourgeons ne sont pas tout-à-fait si gros que ceux du plant gris et du gamet, mais ses feuilles sont très fortes et très larges ; ses raisins sont plus petits pour la forme, mais par la suite ils deviennent très-gros et serrés de grumes.

Le melon est le plus abondant de tous les plants ; ses raisins profitent beaucoup, il en vient davantage que dans ceux du gamet rouge.

3° GAMET BLANC. — Le gamet blanc est le plus mauvais des autres plants ; il ne convient ni dans la plaine, ni dans les terrains chauds de montagne, parce que quand il est planté dans un terrain chaud, ses raisins mûrissent trop tôt, et pourrissent presque tous avant les vendanges, et souvent ils sont presque tous perdus : voilà le défaut de ce plant ; sans cela, il serait meilleur que les autres, parce qu'il pousse beaucoup en raisins, qui deviennent très longs.

On reconnaît le gamet blanc par son bois blanchâtre ; ses feuilles sont écaillées comme celles du noirien rouge, et quand il commence à végeter on lui voit pousser des raisins tout-à-fait allongés.

Les blancs, en général, conviennent mieux dans les petits terrains que les rouges, parce que, quand l'année est sèche, que les raisins viennent à harsir, les rouges perdent beaucoup sur la qualité et la quantité ; le vin n'est pas aussi délicat. Quand les raisins harsissent, les blancs ne perdent pas autant, ils reviennent presque toujours aussi gros qu'ils devaient venir, et le vin ne perd guère de sa quantité et de sa qualité ; voilà pourquoi l'on doit planter les blancs dans les petits terrains secs plutôt que les noirs.

Le melon seul fait exception, il ne convient pas dans les petits terrains, il réussit à merveille dans les plus forts terrains qu'il existe.

ART. 5.

De choisir les plants pour planter la vigne.

Après avoir expliqué les noms des principaux plants de la vigne, et indiqué les terrains qui conviennent le mieux à chacun d'eux, il est utile de parler du choix que l'on doit en faire, et de l'attention que l'on doit prendre pour les tirer de bons lieux, afin qu'ils soient bien convenables.

L'année avant que votre fonds soit prêt à planter, vous devez tout préparer, c'est-à-dire choisir des plants pour les les mettre en pépinière. On doit les choisir dans la vigne la plus jeune que l'on a, c'est-à-dire dans une vigne de six à quinze ans ; avant cet âge, la vigne est trop jeune pour fournir des plants convenables, ceux-ci sont encore bon, mais c'est dans l'âge indiqué qu'il est le meilleur de les choisir, parce que la vigne est à la fleur de son âge ; on voit ce que ces plants doivent être, c'est dans ce moment que l'on peut connaître aussi leur qualité.

Dans le noirien rouge ou blanc, que l'on ne plante pas souvent, on n'a pas toujours des jeunes plantes de douze à quinze ans pour choisir des plants. On doit alors les choisir dans les meilleures vignes que l'on ait, si elles sont un peu vieilles ; il faut les prendre autant que possible sur les jeunesses, parce que les vieux ceps sont susceptibles de dégénérer.

C'est en taillant que l'on détourne les plants, et on doit les choisir de préférence contre la taille, parce que les branches de sarment qui ont végété contre les ceps, sont aussi susceptibles de dégénérer, ils ne sont jamais aussi bons que ceux qui poussent le long de la taille.

Dans le cas où vous n'avez pas de vignes convenables pour choisir des plants, vous pourrez en chercher dans d'autres localités. Aussitôt les plants détournés, on doit les mettre tous du même côté, et les lier en paquets, les bien égaliser du côté du pied, pour les mettre dans l'eau en attendant que l'on soit prêt à faire les pépinières ; car il ne faut jamais qu'ils soient plus de vingt-quatre heures coupés sans les mettre dans l'eau ou dans quelqu'autre endroit frais. Quand on les met à l'eau, on doit faire attention de ne pas les mettre trop bas, parce que les boutons qui sont dans l'eau ne repoussent pas bien : ils sont souvent noyés. Il faut aussi faire attention qu'ils trempent tous, parce que ceux qui ne trempent pas sèchent, et ils ne poussent plus. On doit donc les faire tremper à peu près jusqu'à moitié, afin que les boutons de dessus ne soient pas noyés ; mais il faut se garder aussi de les y laisser trop long-temps, parce que l'eau pourrit la moëlle des plants, surtout quand elle est trouble et dormante.

On doit tâcher autant que possible que l'eau que l'on choisit soit claire et courante.

ART. 6.

De mettre les plants de vigne en pépinière.

Ce genre est nouveau de mettre les plants en pépinière ; les vignerons sont heureux d'avoir fait une pareille découverte, car autrefois que cette méthode était inconnue, on les plantait sans racines, inégaux, et il en fallait le double ; c'était très-difficile plus tard de vouloir égaliser les ceps, en faisant les provins, parce que les plants étaient plantés pêle-mêle ; on ne pouvait s'y reconnaître, et il y en avait considérablement qui manquaient : ils avaient bien repris dans certains endroits, mais tous morts dans d'autres : jamais les vignes n'étaient bien régulières après leur plantation ; tandis que maintenant on prend les plants dans les pépinières, et on ne choisit que ceux qui ont de la racine et qui ont un peu poussé ; alors on est presque sûr qu'ils seront bons. On peut les planter de la distance que les ceps de vigne doivent avoir ; au moins si on plante d'un mètre quatre vingt centimètres, il n'y a qu'à garnir, c'est-à-dire doubler, et alors on n'a pas besoin de faire de si gros provins pour égaliser les ceps ; s'il en manque quelques-uns, on peut les remplacer sans faire de si gros provins, parce que les ceps qui se trouvent les plus proches de la place libre ne sont presque jamais éloignés, au moins on voit ce qu'il manque ; au lieu qu'autrefois on ne s'y connaissait pas, et c'était très-difficile de garnir les plantes, parce qu'il y avait des places assez grandes où il n'y avait pas de plants repris; alors il fallait en remettre les années après, ce qui retardait toujours la vigne, et jamais l'ouvrage n'était aussi joli, ni si bon.

Quand on veut faire une pépinière, on doit choisir un terrain très-fertile, afin que les plants racinent mieux, pour qu'il y en ait moins qui manque et qu'ils soient plus forts.

Les plants que l'on met en pépinière doivent être plantés très-épais, afin d'en placer davantage dans moins de terrain, mais cependant on ne doit pas les mettre trop épais ; ils doivent être à quatre centimètres environ de distance dans la même tranchée ; il faut que l'intervalle des tranchées soit de trente-cinq centimètres environ, et que les plants ne soient pas plantés bas, parce qu'ils ne racineraient pas aussi bien, et il leur faudrait davantage de temps pour croître ; il ne faut pas qu'il y ait dix-huit centimètres de profondeur, ils doivent être à fleur de terre. Si on les plante en rangées, c'est pour qu'ils soient plus commodes à cultiver, plus faciles à égaliser et plus aisés à lever. Quand les plants sont dans les tranchées, qu'ils ne sont pas couverts de terre, on peut mettre un peu d'engrais pour les faire mieux prospérer, et les recouvrir de terre ensuite, après que l'on a fait une tranchée, et continuer ainsi de suite, etc., et égaliser la terre. Pour se préparer à tailler les plants, on ne doit pas laisser par plant plus de deux boutons dehors de terre.

Il y en a qui négligent de cultiver les pépinières, qui attendent très-tard : cela fait du mauvais ouvrage ; le plus

tôt que l'on peut les cultiver, est le meilleur. On peut faire
les pépinières aussitôt que les vignes sont taillées, parce
que si on laisse grossir les boutons des plantes, ils en reçoivent du dommage : les boutons tombent et leur pousse
se trouve considérablement retardée.

On doit très-souvent cultiver les pépinières pour qu'elles
viennent mieux : car, si on laisse croître les herbes au milieu, la force des plants s'abat, et la pépinière est brûlée.
On doit cultiver une pépinière au moins quatre ou cinq
fois par an, suivant qu'elle a besoin de culture, car la culture fréquente rafraîchit bien la terre. Pour faire mûrir les
petits bourgeons, il serait même convenable de la cultiver
très-tard ; car plus on cultive tard une pépinière, plus on
avance la maturité du bois.

Dans la saison des chaleurs, alors que la terre est sèche,
on peut arroser les pépinières, cela ne leur peut faire que
du bien ; mais si on commence à le faire, il faut continuer
jusqu'à ce que la pluie vienne ; car si on ne les arrosait
qu'une fois ou deux, la terre se fendrait et la pépinière en
ressentirait plus de mal que de bien. Mais il vaut mieux ne
pas les arroser et les cultiver un peu plus souvent, parce
que les façons ne peuvent leur faire que du bien.

ART. 7.

De la plantation de la vigne.

Pour bien réussir dans la plantation d'une vigne, on
choisi toujours pour la faire la saison d'hiver, et principalement les premiers mois, car voici ce que dit le vieux pro-

verbe des cultivateurs vignerons : « Un chapon planté
avant Noël vaut mieux qu'une chévolée plantée après. »
Cependant tant que le mois pluvieux de février n'est pas
écoulé, la plantation est presque aussi bonne. Pour mon
propre compte, j'aimerais mieux planter des plants racinés
que d'autres qui ne le seraient pas, parce que les plants racinés sont toujours plus sûrs et croissent mieux. Il est encore
temps de planter la vigne lorsqu'elle commence à végéter ;
mais alors il s'en faut de beaucoup que l'ouvrage vaille celui
de l'hiver. Il arrive cependant quelquefois qu'on réussit
aussi bien en plantant tard qu'en plantant en hiver, mais
ceci est fort rare ; les plants ne sont jamais aussi frais qu'en
hiver, et la terre ne s'assemble pas aussi bien ; aussi est-
elle beaucoup plus difficile à cultiver, parce qu'elle ne se
mûrit pas aussi bien.

Aussitôt que le mois d'octobre est passé, que les feuilles
des ceps sont tombées et que le bois est mûr, on peut planter ; quand le fond est bien reposé et bien préparé comme
de la manière indiquée, on peut creuser les tranchées pour
planter.

Avant de planter, si le fond que l'on plante est un peu
large, on peut le diviser en sillons, c'est-à-dire laisser des
raies de distance en distance, pour desservir le fond et faciliter sa culture.

Avant de creuser les tranchées pour planter, on doit
prendre deux jalons pour tracer celles-ci auxquelles on fixe
la largeur que l'on veut. Les jalons doivent avoir un mètre
quatre-vingts centimètres : c'est la largeur habituelle des
plantes que l'on veut doubler ; ce qui fait que l'on ne plante
que la moitié du fonds, parce qu'on laisse entre elles la
place pour mettre une rangée de saillies ; enfin on la laisse

pour pouvoir renouveler les plants, afin que l'ouvrage soit meilleur.

On se sert de cordeaux pour marquer les rangées, et on les attache après les jalons après quoi il n'y a plus qu'à suivre. On change les jalons à toutes les tranchées afin d'en recommencer de nouvelles, et on suit le cordeau pour qu'elles soient droites.

On marque les tranchées à la pioche avant que de les bêcher et on les pioche ou on les bêche, suivant que la terre est tendre ou dure. On doit creuser les tanchées de la largeur de trente-cinq centimètres, et de la même profondeur environ, selon le terrain : si le terrain est chaud, il n'y aurait pas d'inconvénient à planter même un peu plus bas ; mais si le terrain est un peu froid, la profondeur est suffisante, même si l'on plantait moins bas cela n'en vaudrait que mieux. Il est inutile de planter la vigne dans la terre froide, cela ne fait que la retarder ; comme souvent on plante dans des terrains pierreux, et que dans des tranchées il se trouve des pierres assez grosses qui gênent pour mettre les plants du même niveau, il est utile de les faire arracher du niveau du fond de la tranchée, afin que les plants puissent se trouver plainement, car si l'on plantait sur la pierre, les plants ne se trouveraient pas assez bas, et on pourrait les lever en cultivant.

Les tranchées de plantes étant creusées, on doit préparer ses plants ; avant de les placer, il faut faire attention si les tranchées sont creusées bien carrément, aussi bien dans le haut que dans le bas, afin que les plants joignent bien la terre ferme qui les fait mieux raciner. Les tranchées doivent avoir la même largeur dans le haut que dans le bas.

Les tranchées étant bien préparées pour planter, on doit lever les plants des pépinières au fur et à mesure que l'on plante, afin qu'ils ne sèchent pas ; car une fois qu'ils sont levés, on doit les planter de suite, parce que si on les mettait dans l'eau, cela serait nuisible. Cependant, on peut les mettre dans la terre, mais il faut bien les épancher si on veut les y laisser un peu longtemps, parce qu'ils s'échaufferaient et ils ne vaudraient plus rien, ou bien il faudrait les arroser très souvent, encore ils ne seraient pas aussi bien que s'ils n'étaient pas levés ou plantés. Il ne faut les lever qu'au fur et à mesure qu'on les plante.

Pour bien lever les plants racinés des pépinières on doit les découvrir un peu pour qu'ils soient plus commodes à arracher, afin d'en moins casser en les levant. Après qu'ils sont découverts, on les arrache à la main, et on coupe les plus grosses racines qui tiennent trop fortement ; on doit détourner tous ceux qui ne valent rien ; avant de les planter, on peut couper un peu les racines quand elles sont par trop grandes, afin qu'elles repoussent mieux. Les plants sont bons à planter dès la première année ; ils auraient deux ans que cela ne feraient rien ; mais quand ils ont été en pépinière plus de deux ans, ils ne sont pas aussi bons.

On doit planter cinq cents plants de noirien rouge par ouvrée et quatre cents de tous autres plants, quand l'on plante d'un mètre quatre-vingts centimètres. Le noirien se plaît plus épais que tous les autres, il réussit mieux qu'eux : c'est le nombre de plants que l'on doit mettre environ dans les plantes ; du reste c'est suivant la force du terrain. Mais cela ne vaut rien de planter si épais, l'ouvrage n'est pas aussi bon et on n'y gagne pas. Quand les ceps sont plantés si épais, ils ne deviennent pas aussi gros, ils ne poussent pas autant de fruits.

Autrefois les vignes étaient plantées très-épaisses ; je sais que les plants n'étaient pas aussi bons que ceux de maintenant, ni que l'on ne les cultivait pas aussi bien qu'aujourd'hui, mais la différence est très-grande maintenant d'il y a cinquante ans : les vignes sont trois fois plus abondantes qu'elles ne l'étaient à cette époque ; cependant ce sont les mêmes terrains et presque les mêmes hommes qui les cultivent. Enfin jugez de l'amélioration de la culture.

En ne plantant pas aussi épais, les ceps grossissent mieux, s'élargissent davantage, et les raisins ont plus d'air : ils deviennent plus gros et les grumes plus nourries, cela fait que tout profite mieux. Or ceci est bien facile à comprendre : Quand une vigne est plantée trop épaisse, que les ceps ne peuvent pas grossir ni s'élargir, les raisins, étouffés dans les bourgons et dans les feuilles, ne peuvent pas profiter. Il vaut donc mieux ne pas planter si épais, parce que trois ceps trop gênés n'en valent pas deux bien proportionnés.

Une vigne qui est plantée trop épaisse n'est pas aussi commode à cultiver et il y a plus de façon, et elle coûte davantage d'entretien, parce qu'il faut plus de pesseaux pour la pesseler, davantage de glu pour l'accoler, plus de temps encore pour lui donner toutes ses façons, parce qu'il n'est pas aussi commode de passer dedans ; quand une vigne est plantée trop épaisse, elle ne produit jamais autant de raisins, parce que les bourgeons qui sont trop serrés sont toujours plus fluets, cela fait que les ceps n'ont jamais d'aussi bonnes tailles que quand ils sont bien proportionnés. Quand les branches de sarment ne sont pas grosses, jamais la vigne ne porte autant de raisins, surtout dans les bons vins ; mais dans les gamets cela a moins d'importance ; enfin on ne doit donc pas planter trop épais.

Puisque j'ai dit que l'on doit mettre cinq cents plants dans une ouvrée de noirien rouge, et quatre cents de tous autres plants que l'on plante dans une vigne, d'un mètre quatre vingt centimètres, cela fait la moitié ; quand elle est doublée, il doit y en avoir une fois de plus, ce qui fait mille ceps dans une vigne plantée de noirien et huit cents de trois autres plants ; si on n'a point de plants racinés et que l'on plante la vigne avec des chapons, on doit en mettre une fois de plus.

Ceci ne doit pas être régulier ; ça varie suivant la force du terrain. Dans un petit terrain, on ne doit pas planter si épais; mais si le terrain est bon, on en peut mettre davantage.

Pour que les plants réussissent bien, on ne doit pas les mêler ensemble, parce qu'il y en a qui sont plus vigoureux les uns que les autres : ceux qui ne sont pas vigoureux et qui sont plantés entre les autres ne peuvent pas profiter comme ils le devraient. Si l'on veut avoir de plusieurs plants dans une vigne, on doit mettre tous ceux du même grain ensemble, en séparant l'espèce l'une de l'autre, parce que si l'on mélange du gamet avéc du noirien, le gamet ne peut point pousser en force, au lieu que le noirien est très-vigoureux. Pour le blanc, il en est de même ; le bon blanc est toujours aussi plus vigoureux que le petit, et si on le mélange, il en résulte un mauvais ouvrage.

Il n'en est pas, comme disaient autrefois les anciens. Qu'une vigne plantée de tous plants on y vendange tous les ans. Il ne convient pas de faire comme ils faisaient ; c'était un mé-lange à ne plus s'y reconnaître tant pour la culture durant l'année que pour la vendange. Il arrivait souvent dans l'an-née qu'on confondait les ceps et qu'on ne les façonnait pas comme ils devaient l'être ; et, pour les vendanges, il fallait passer plusieurs fois dans la même vigne, afin de pouvoir démêler les cuvées, et malgré cela on laissait plus de raisins que dans une autre vigne plantée toute du même grain.

Si l'on veut avoir de plusieurs plants dans une vigne, on peut planter tous les plants du même grain les uns contre les autres, afin qu'ils ne se gâtent pas, et qu'ils soient plus commodes à travailler et à vendanger.

Ainsi, les tranchées vidées, les plants préparés, on peut donc couder les plants, et il faut qu'ils soient coudés sur toute la largeur de la tranchée. On ne doit pas les planter droits comme les arbres, il faut bien leur faire faire le coude, afin qu'en faisant les provins, les ceps ne restent pas dans la main. Cette partie de plants qui est coudée par dessous la terre tiendra au moins les ceps quand on voudra les coucher. On doit bien les faire joindre contre la terre ferme, pour qu'ils racinent mieux ; on peut tourner la coudée des plants de quelque côté que l'on veut, cela fait bien peu de chose, de quelque côté qu'on les tourne, soit qu'on les fasse regarder vers le haut ou vers le bas ; mais ils doivent tous regarder vers le même côté afin que chaque rangée s'aligne.

Puisque la largeur des rangées est d'un mètre quatre-vingts centimètres dans la tranchée, on doit les mettre de la distance de quatre-vingts centimètres environ ; il arrive que quand la plante sera garnie, les ceps se trouveront à la distance de quatre-vingt-dix centimètres d'une face, et quatre-vingts de l'autre.

En bien recouchant les plants au droit de leur place, la vigne doit se trouver en quinconce, c'est-à-dire alignée de deux côtés.

Suivant que l'on coude les plants, on doit les couvrir de

terre, c'est-à-dire rabattre la terre d'un côté ; mais on doit faire attention si les plants ne sont pas trop en terre, ni s'ils ne sortent pas par trop ; on doit les remettre tels qu'ils étaient en pépinière, c'est-à-dire laisser sortir deux boutons hors de terre. On rabat ensuite la terre de la tranchée, du côté de leur pied, puis on renverse sur eux le gazon pour le faire pourrir, et alors il sert d'engrais à la plante ; on foule ensuite autant que l'on peut la terre sur les plants eux-mêmes, afin que la terre les tienne, et que ni la gelée ni l'eau ne les relèvent. Avant de rabattre la terre sur les plants, si le terrain est petit, le fonds sans force, on peut mettre une couche d'engrais sur la coudée, soit avant de rabattre de la première fois, soit après ; on fait cela suivant que le terrain est chaux ; s'il est froid, on met l'engrais tout-à-fait sur la coudée ; mais s'il est un peu chaud, on doit le mettre sur la coudée entre deux terres, c'est-à-dire quand on a rabattu la terre de la tranchée d'un côté, et toujours bien fouler la terre pour faire pourrir l'engrais. On doit faire attention en rabattant la terre sur les plants de ne pas tant affamer le crouton de la tranchée.

Il est bon de mettre de l'engrais sur la coudée des plants de la rangée même ; il n'est guère possible de faire un meilleur ouvrage. L'engrais est couvert et il ne s'altère pas ; la plante s'en ressent dès la première année. J'en ai fait l'expérience : les plantes sont plus tôt venues et ont beaucoup plus de force.

Il avance au moins d'une année, et au bout de trois ans la vigne est bien vigoureuse et pousse déjà beaucoup en raisins ; les plants sont aussi plus tôt prêts à coucher pour faire des provins, et les saillies sont plus fortes.

Art. 8.

D'élever les plantes.

Après que les plantes sont plantées et rangées, il reste encore un côté de la tranchée à rabattre, ce qu'on ne doit faire que lorsqu'on taille les vignes, parce que la gelée pourrait faire du tort aux plants. Pour bien rabattre les plantes du côté des plants, il faut tirer la terre sur la coudée et redresser ceux-ci.

On ne doit également pas trop rabattre la terre du croûton de la tranchée; on rabat seulement pour pouvoir tailler les ceps, après les avoir dégagés autour, afin de donner de la facilité pour couper les petites branches de sarment pour faire les tailles.

Pour ce qui regarde la taille des plantes la première année, on doit en faire deux, mais les deux années qui suivent, on doit faire son possible pour n'en faire qu'une par plant, afin qu'ils prennent plus de force et qu'il y ait moins de branches de sarment, parce que les premières années on ne doit pas tailler pour avoir des raisins. Or, il y a des cultivateurs-vignerons qui font des tailles de toutes les branches de sarment; cela produit un mauvais résultat. Ils s'imaginent que l'ouvrage est meilleur, mais ils ne réfléchissent pas aux conséquences : quand on fait tant de tailles contre les plants, la vigne pousse trop de bourgeons, et les plants n'ont pas la force de pousser un bois ni si long, ni si gros; il en résulte que les plants n'ont pas aussi bonne taille que quand il n'y en a qu'une, car alors ils ne produisent pas autant de petits bourgeons, et cela fait que ceux qui poussent ont plus de force et sont plus longs et plus gros : l'année suivante, si on les taille, celle-ci est meilleure, et si on les laisse pour faire des provins, on a de plus belles saillies. Enfin il ne sert à rien de laisser plusieurs tailles par plants. Cependant, quand ils ont de la force, on peut en laisser deux.

On doit tailler les plantes en même temps que la vigne ; cependant il y a des vignerons qui négligent de le faire ou qui ne prennent point de précautions, ou qui attendent très-tard pour les tailler ; cela ne vaut rien de négliger la taille des plantes, parce que la sève monte plus tôt dans les jeunes plants que dans les vieux ceps ; alors si l'on attend trop longtemps pour tailler les plantes, les boutons sont gros, la sève est montée, et la plante perd beaucoup ; car on fait tomber les boutons, la sève se perd et cela cause beaucoup de retard à la plante ; bien plus, jamais elle n'aura autant de force dans l'année.

Pour que les plantes poussent avec plus de force, on ne doit pas les tailler quand la lune est trop nouvelle, ni trop vieille, mais en tout autre moment ; il vaut mieux les tailler dans la même saison que celle de la vigne, et, une fois qu'une plante a passé trois ans, on doit la tailler comme les autres vignes. Cependant il faut faire en sorte de ne pas les tailler en vieille lune, si l'on veut avoir du bois et du fruit. Malgré cela, j'ai remarqué que l'on peut tailler dans la vieille lune comme dans la nouvelle sans beaucoup courir de danger, pourvu que l'on ne taille ni trop tôt, ni trop tard.

Quand une fois les plantes, sont taillées il ne reste plus qu'à les labourer. Or, on doit leur donner quatre labours par an et presque toujours dans le même moment que l'on cultive les vignes. Pour le premier labour, si rien ne presse, on peut attendre que les vignes soient faites auparavant, mais les autres labours doivent se faire aussitôt que les plantes pressent d'être faites. Quand on voit trop d'herbes dans les plantes, on doit les façonner ; cependant après les façons ordinaires données à la vigne, il faut leur donner un autre labour dans le mois de septembre, pour faire périr les herbes.

Pour ce qui concerne la culture des plantes, on doit entretenir le croûton jusqu'à trois ans, et les cultiver à rangées. Par la culture qu'on leur fait pendant l'année, les tranchées se remplissent contre les plants, mais alors le terrain devient trop plat ; il faut le remettre dans son premier état. Pour cet effet, c'est-à-dire pour refaire et entretenir les croûtons des tranchées les années après, on déchausse les plants et on vide les tranchées, pour remettre la terre sur les croûtons afin que la terre verse l'eau sur les plants.

Si quatre façons ne suffisaient pas à une plante, on pourrait lui en donner une de plus dans le courant de l'année. Quand on a planté une vigne sur une toppe, le terrain étant bien reposé, la plante est susceptible de pousser beaucoup plus d'herbes ; alors on doit la cultiver aussitôt qu'elle en aura besoin, afin que les herbes ne lui fassent point de tort, car si on attend trop tard pour labourer une plante qui est remplie d'herbes, elle est bientôt brûlée et les herbes la font périr.

Une vigne, avant trois ans, n'a pas besoin d'être pesselée, à moins que les plants aient beaucoup de force ; mais aussitôt qu'elle est arrivée à sa troisième année, on doit mettre des pesseaux à tous les jeunes ceps qui ont le plus de force, afin de dresser le bois, et le faire grandir en même temps ; car plus le bois d'un cep est long et droit, plus il est facile de s'en servir pour coucher les provins.

On ne doit pas faire de provins dans une plante avant qu'elle n'ait trois ans ; car, avant ce temps, les ceps sont trop jeunes. En général, les vignerons garnissent les plantes trop vite ; ils veulent qu'elles produisent tout de suite, mais ils perdent tout en voulant trop gagner. Il y en a qui font des provins de tous les plants qui peuvent être couchés, aussitôt que les plantes ont du bois, ils ne voient pas qu'ils abattent leurs plantes tout d'un coup, cela n'est pas le moyen d'élever leurs plantes ; avares qu'ils sont, ils voudraient avoir le revenu dès la première année, et, par là, ils perdent leurs vignes, car elles sont déracinées trop tôt. On ne peut pas faire un plus mauvais ouvrage que de faire tous les provins d'une plante dans deux ou trois ans : les plantes ne sont jamais en état de reprendre leur force ordinaire, s'ils les abattent tout d'un coup ; elles s'en ressentent très-longtemps après, et ne peuvent plus reprendre de force ; on en voit presque toutes les racines qu'on a sorties des provins en les creusant. Il est facile de voir que l'on fait du tort à une plante, si l'on couche trop tôt des provins, et tout d'un coup ; quand une fois une vigne a poussé des racines, elle n'en pousse presque plus d'autres, et ce sont presque toujours ces mêmes racines qui alimentent les ceps de vigne ; par conséquent, si on les coupe, la vigne s'en sentira. Après cela, les faibles racines qui croissent dans la terre nouvellement remuée ne peuvent pas grossir, car elles ne peuvent pas prendre de force dans une terre si mouvante. Voilà pourquoi il est nécessaire de ne pas garnir les plantes si vite.

Pour garnir une plante, on doit mettre huit à dix ans, suivant comme le terrain est fort et comme il a reposé :

plus le terrain est faible, plus on doit mettre de temps à garnir une plante. Ce n'est pas une perte de garnir une plante à la longue : c'est en la garnissant que l'on retire le plus de revenus.

On ne doit pas faire plus de cinquante à soixante provins dans une plante, par ouvrée ; il faut faire le plus possible les provins d'un seul cep, ne jamais en faire deux l'un contre l'autre, ou vis-à-vis l'un de l'autre, afin de ne pas tant déraciner les plantes, et ne mettre jamais plus de deux à trois saillies par cep, et on doit coucher les plantes entièrement, afin de les améliorer.

Il arrive quelquefois que, dans une plante, tous les plants ne poussent pas, et que quelques-uns périssent. Mais s'il y en a un grand nombre qui manquent les uns contre les autres, il n'est pas utile de les remplacer, il vaut mieux laisser les places libres pour y coucher des provins ; cependant, s'il y en avait par trop qui manquassent, on pourrait en remettre quelques-uns dans les plus grandes places, afin qu'il y ait moins de retard à les garnir. Maintenant que l'on se sert de plants racinés, c'est fort rare d'en voir beaucoup périr. Pour que les jeunes plantes poussent avec plus de force, on ne doit pas mettre beaucoup de denrées dedans ; moins on n'en met dans les plantes, mieux cela vaut ; car ces denrées étouffent les plants, et ils ne poussent jamais aussi bien qu'ils devraient le faire. Cela altère toujours la terre, surtout les plantes où croissent des légumes, tels que la pomme de terre, le chou-rave, etc.

ART. 9.

Plantation d'un mètre.

Beaucoup de propriétaires font planter leurs vignes d'un mètre (trois pieds), afin de ne point faire de provins, ils s'imaginent avoir de l'avantage, et prétendent que leurs vignes sont plus tôt garnies, et que l'on n'a pas besoin de faire des provins ; oui, cela est vrai ; si l'on plantait de la profondeur d'un mètre, on n'aurait pas besoin de faire des provins, les vignes seraient garnies depuis les premières années, mais il s'en manquerait de beaucoup que l'ouvrage fût si bon ; ce serait un mauvais ouvrage ; ou bien il faudrait renouveler tout comme dans une autre plante qui aurait un mètre quatre-vingts centimètres de largeur.

Il est défectueux de ne pas renouveler les ceps, parce qu'ils deviennent trop gros, dégénèrent en vieillissant, et jamais ils ne sont aussi bons. On doit faire des provins dans les plantes, quand même elles seraient plantées à un mètre ; si l'on attend si longtemps pour renouveler les ceps, ils deviennent trop gros et ont trop de racines ; il n'est pas facile de les coucher, il faut trop couper de racines ; cela fait du mal aux provins que l'on couche, d'autant plus que les racines que l'on coupe sont trop grosses. Quand on coupe trop de racines en couchant les provins, ils ne peuvent point pousser avec force, surtout quand ces racines sont vieilles. On doit renouveler les plantes, suivant qu'elles vieillissent, afin de ne pas laisser grossir et dégénérer les ceps.

La plantation des vignes est toujours la même, seulement les tranchées ne sont pas toujours aussi larges ; mais on doit mettre les plants un peu plus épais dans cette tranchée, afin qu'il se trouve presque autant de ceps que dans une autre vigne.

En creusant les tranchées pour planter, il n'est pas facile de réduire la terre sur le croûton de la rangée ; celle-ci, qui n'a qu'un mètre de large, après qu'on a pris trente-cinq centimètres pour la coudée, n'en a plus que soixante-cinq de largeur, et cela n'est pas assez pour réduire la terre de l'arête, qui a aussi trente-cinq centimètres de profondeur.

Pour réduire la terre de l'arête de cette largeur et de cette profondeur, cela ne serait pas commode avec si peu de place ; pour faciliter cette opération, on peut couder les plants au fur et à mesure que l'on creuse les tranchées ; au moins, si la terre retombe dans les tranchées qui sont plantées, on n'a pas besoin d'en ressortir la terre. Mais avant de creuser la tranchée suivante, on doit rabattre la terre sur la coudée, afin que le gazon se trouve sur les plants, parce que la terre que l'on a sortie de la tranchée n'est pas aussi chaude, ni si fertile que la surface de la terre. Quand même que cette surface du fonds que l'on plante ne serait pas en gazon, elle serait toujours plus chaude et plus fertile que celle que l'on trouve en creusant la tranchée. Cela vaut toujours mieux de mettre le dessus de la terre que celle du bas de la tranchée, qui n'a jamais vu le soleil. Quant à la culture ordinaire, elle est également la même que dans une autre plantation ; on doit entretenir le croûton tant que l'on peut, c'est-à-dire pendant trois ou quatre ans.

ART. 10.

De planter la vigne aux fichets.

Pour planter la vigne aux fichets, on se sert d'un fort morceau de bois, ferré d'un bout, et de la longueur d'un mètre trente-trois centimètres environ, pour enfoncer en terre, afin de faire un trou pour glisser le plant, et l'on fait rentrer la terre tout autour du plant, pour remplir le vide occasionné par le fichet, afin qu'il puisse pousser des racines.

On peut, en plantant de la sorte, garnir toute la plante d'une fois ; au lieu de planter les plants de la distance de quatre-vingt-dix et quatre-vingts centimètres de distance, on peut les planter à une distance plus régulière et employer toujours la même. On peut les planter à la distance de quatre-vingt-cinq centimètres environ ; au moins la plantation se trouvera en quinconce.

Ce serait bien commode si l'on pouvait planter partout de cette manière, et si l'ouvrage était aussi bon que dans les autres plantations.

On ne peut guère faire usage du fichet que dans des terrains qui ont été minés, parce qu'il faut que les plants, par l'emploi de ce moyen, soient en terre de soixante-dix centimètres environ, afin que, quand on fera des provins, il y ait une partie du plant plus basse, que celle du provin, qui tienne le cep ; car jamais on ne creuse les provins de soixante-dix centimètres. Alors cette partie, plus basse que le provin que l'on a creusé, a poussé des racines et suffit pour l'alimenter et le tenir quand on le couche.

Comment ferait-on dans un terrain qui est sur les pierres, sur le gravier ou sur la marne, pour planter de cette manière, parce que bien souvent il n'y a que trente à trente-cinq centimètres de terre, et même quelquefois moins? Cela ne serait pas assez profond pour planter aux fichets. Un plant qui serait de trente-cinq centimètres en terre, et qui n'aurait point de coudée, ni de pivot, quand on voudrait creuser un provin contre ce plant, quand on voudrait le coucher, si on coupait les racines autour du cep, jusqu'à la profondeur du provin, comme on doit faire d'habitude, le plant resterait dans la main; il se trouverait arraché, alors il ne vaudrait plus rien; au lieu que quand ils ont de la coudée, ou un pivot, on a beau couper les racines du plant, jusqu'à la profondeur du provin, le cep ne reste pas dans la main, la coudée le tient et l'alimente pour le faire croître.

Il faut que les plants aient de la coudée, ou un pivot, pour renouveler les [ceps; car sans cela, souvent, comme nous l'avons dit, ils se trouveraient arrachés. Si l'on plantait les plants trop bas, soit dans la marne, ou dans d'autres terre froides, cela ferait un mauvais ouvrage; la vigne ne racine pas dans la terre froide; l'ouvrage serait le même si l'on plantait dans des terrains pierreux, ou sur le gravier, que dans la marne qui n'aurait jamais été remuée. Il y a des fonds, où, sous la terre végétale, il se trouve de cette terre douce, alors on peut enfoncer dedans une fiche de quelque profondeur que l'on veut. Ainsi, je suppose que l'on plante dans cette terre une vigne plus bas que la terre végétale, la partie des plants qui est dans cette terre végétale racine tout-à-fait bien, mais la partie qui est dedans la marne ne vaut presque rien; elle ne racinerait guère, ou même pas du tout, suivant que la marne serait plus ou moins froide.

Enfin, je le répète, il ne faut pas que la vigne, dans sa plantation ordinaire, soit plantée à plus de trente-cinq centimètres de profondeur ; du reste ceci dépend beaucoup du terrain, comme je l'ai expliqué plus haut.

Pour que cette plantation puisse réussir, il faut que la terre ne change pas de nature, au moins d'un mètre de profondeur, et qu'elle soit aussi fertile dans le bas que dans le haut, ou que le terrain ait été miné de la même profondeur, afin de pouvoir mettre les plants un peu plus bas ; car, sans cela, la vigne ne peut pas raciner, et jamais l'ouvrage ne saurait être bon, et lors même que la fondation du terrain ne serait que pierres mêlées à la terre, la vigne n'en vaudrait que mieux ; la vigne racine bas, mais seulement quand le sol est chaud et fertile.

ART. 11.

De planter des plants dans les vignes.

Pour que les plants réussissent bien dans une vigne, il faut faire de grosses tranchées doubles, afin de coucher les plants des deux côtés. Pour pouvoir les coucher dans le bas et dans le haut, ou par côté, si l'on fait les tranchées en long, celles-ci doivent avoir la largeur dont on plante la vigne, c'est-à-dire quatre-vingt-dix centimètres ; on doit ôter toute la terre végétale, plus bas que les ceps qui s'y trouvent, parce que si l'on n'ôtait pas les ceps qui sont dessous, ils affameraient les plants et ne pourraient pas pousser avec force ; il leur faudrait très-longtemps pour croître. On fait les tranchées à quelle distance que l'on veut,

suivant comme on veut se presser de changer le plant qui
existe ; on peut faire les tranchées de la distance de trois
à quatre mètres, et lais.er exister entre les tranchées la
vigne que l'on veut détruire, jusqu'à ce qu'on puisse les
remplacer en couchant les provins des plants que l'on a
plantés dans ce fonds, et épuiser la vigne que l'on veut
arracher le plus tôt possible, afin que les plants soient plus
vigoureux, parce que, aussitôt que la vigne que l'on veut
détruire s'affaiblit, les plants poussent toujours avec plus
de force.

Une fois les tranchées vidées de la largeur indiquée, on
peut couder les plants dans la tranchée. Les deux coudées
doivent y être, afin que, quand ils seront prêts à coucher,
on ne retrouve pas la coudée des plants en creusant les
provins ; on doit les planter à la distance ordinaire.

Pour que les plants de cette plantation puissent réussir,
on doit mettre de l'engrais dans les tranchées, tout-à-fait
sur la coudée des plants, ou y mettre de la bonne terre végétale, soit du gazon, soit de la terre de décombres ou de
bâtisse, etc., et bien les égaliser sur la coudée, puis bien les
fouler, et rabattre la terre des deux côtés que l'on doit retirer sur l'engrais, pour le couvrir et dégager les plants de la
terre et des racines de la vigne existante.

ART. 12.

De faire des entes.

Les entes servent pour changer les plants. Quand on a
une vigne qui est plantée de mauvais grain, ou qu'il y ait

seulement quelques ceps par dedans, qui ont beaucoup de force, mais qui ne valent rien, et qu'on ne peut pas remplacer par d'autres plants meilleurs, mais trop éloignés, on peut les laisser comme pour faire des provins, afin de les enter dans la bonne saison.

On doit conserver des plants convenables pour servir de greffes jusqu'à ce qu'il fasse bon enter. On doit en conserver sur les ceps ou dans l'eau, pour que les entes reprennent bien. Il faut qu'il y ait beaucoup de sève, et c'est dans le moment que la vigne commence à pousser qu'il fait bon enter, c'est-à-dire quand les boutons de la vigne sont comme des pois, afin que l'ouvrage soit bon.

C'est en faisant les provins qu'il fait bon enter. On peut encore chevoler les ceps qui sont entés, et faire les provins un ou deux ans après; mais cela n'est pas commode; on est trop sujet à les casser en les relevant ou en les recouchant, parce que quelquefois les greffes ne sont pas solidement unies. Il vaut mieux les enter en faisant les provins. Cependant il y a des terrains où il convient mieux de les chevoler; mais ceci ne fait rien d'enter en faisant les provins ou en chevolant les ceps, ce qui est presque la même chose; car les entes se font de la même manière, avec cette différence seule qu'en chevolant on n'a pas besoin de retourner les greffes.

Si l'on ente en faisant les provins, on les creuse comme on fait ordinairement, et on couche les ceps comme pour faire un provin; alors, quand le cep est couché, on coupe les branches de ce cep à la distance du vieux bois, de dix-sept centimètres environ, et on le fend à peu près de cinq centimètres; ensuite on élargit un peu pour faire entrer la greffe, que l'on doit tailler en effilant et ajuster dedans, de la même longueur que la première, après quoi on l'emmanche du mieux que l'on peut. Il faut que les deux écorces se rencontrent bien, que les branches de sarment du cep que l'on ente et la greffe ne soient pas plus grosses l'une que l'autre, afin qu'ils puissent se marier ensemble. On les enveloppe bien avec du chanvre, pour que la sève ne se perde pas, et qu'ils se tiennent bien ; alors on place les saillies, absolument comme si l'on faisait un provin.

Planter des plants dans les vignes, faire des entes, tout cela fait du mauvais ouvrage ; il vaudrait beaucoup mieux, pour changer les plants, tailler la vigne pour arracher pendant plusieurs années, afin de l'épuiser et la détruire après, puis laisser reposer le fonds un peu de temps, et le renouveler plus tard du plant que l'on voudrait : la vigne serait plus tôt venue et d'un meilleur produit, parce que les ceps que l'on arrange ainsi ne deviennent jamais beaux ; les raisins sont nains et mal faits, et jamais ils ne sont ce qu'ils devraient être, si l'on avait fait reposer le fonds, et ils entraînent une grande dépense ; c'est fort rare si l'on en retire grand'chose, ou, du moins, il faut que le terrain soit bon et très-convenable aux plantes.

ART. 13.

Des principaux outils pour cultiver la vigne.

Du nombre d'ouvrées de vigne qu'un homme peut faire dans une année.

Les principaux outils dont on se sert pour cultiver la vigne, sont : les pioches, la pioche simple et la pioche à

dents, la serpe, la meigle ; les bêches, la bêche simple et
la bêche à dents, le fessou, le gouet, etc. Chaque façon que
l'on donne à la vigne a son outil différent, dont l'on peut se
servir, afin de faire plus d'ouvrage et de le faire plus facilement.

Or, dans une année, un homme peut cultiver trente ouvrées de vigne environ ; c'est suivant comme le terrain est
commode à cultiver : s'il est commode, il en pourra faire
davantage; mais s'il est fort et rude, il en fera moins et avec
beaucoup de peine, parce que, quand un terrain est fort, il
faut que la terre soit mieux tenue en la cultivant, et que les
façons soient moins négligées, afin d'échauffer le terrain.

ART. 14.

CULTURE ORDINAIRE.

De déchausser.

(Première façon.)

La première façon que l'on donne à la vigne est le déchaussement. Une fois la culture ordinaire commencée, on
doit continuer à la travailler, qu'elle promette ou non un
bon produit. Car, avons-nous dit, la vigne est une plante
folle, qui tantôt produit beaucoup, tantôt rapporte peu ;
elle ne produit que par série ; quand il n'y a guère de récolte dedans, il faut toujours la cultiver. Il est aussi utile de
le faire quand elle a l'apparence de ne rien produire, que

quand elle promet une bonne récolte, parce que quand il survient plusieurs années de manque, il fait bon faire beaucoup de vin. Cela prouve bien qu'il faut toujours la cultiver quand il n'y a guère de revenu, afin qu'elle soit toujours bien disposée à produire lorsque le vin est cher. Car, aux mauvaises années succèdent les bonnes, et si on négligeait une vigne pendant les mauvaises années, elle ne se trouverait pas bien disposée à bien produire les années où le vin serait de prix : il y aurait trop de perte. Si peu que l'on néglige une vigne, on la voit s'affaiblir de plus en plus. On ne peut jamais trop bien cultiver ; plus on façonne la terre, plus on la rend fertile. On ne saurait se faire une idée du bien que fait la culture auprès de la non-culture : on voit des petits terrains dont la fertilité surpasse l'imagination ; dans le courant de l'année, ils produisent beaucoup de raisins, et, à la veille des vendanges, ils viennent en bonne maturité : ce n'est que la force de la culture qui les rend si productifs.

Pour déchausser les ceps on se sert de la pioche, mais il faut le faire avant le moment de la taille ; néanmoins une fois que cette saison est venue, si le temps est au froid et qu'il ne fasse pas bon déchausser, et qu'il fasse bon tailler, pour faire moins de mal aux ceps, on peut les déchausser, tailler et rechausser au fur et à mesure, afin que la gelée ne leur fasse point de mal, parce que souvent on en ferait davantage en déchaussant qu'en taillant. Alors en les rechaussant, suivant qu'on les taille, ils seront moins susceptibles de périr.

A l'époque de la taille survient bien souvent du froid, mais quel que soit le froid qu'il fasse, pourvu qu'il ne gèle pas trop fort, on peut déchausser ; cependant si, lorsqu'on le fait, la gelée est excessive et que l'on détourne la terre des ceps qui sont déjà humides, la gelée qui pourrait survenir aurait trop de force contre les ceps à cause de leur humidité, et la terre gèle aussi beaucoup plus fort qu'ailleurs, parce que lorsqu'elle est fraîchement remuée, elle craint beaucoup plus la gelée.

Dans ce moment, s'il survient du froid après la taille, et le déchaussement, la vigne qui aurait été taillée avant le le froid, si la terre et les ceps ont eu le temps de sécher avant qu'il ne gèle un peu fort, craindra moins que si on l'avait déchaussée et taillée à la veille ou pendant le froid. Voilà pourquoi il faut faire attention de ne pas tailler, ni déchausser quand il gèle par trop.

L'action de déchausser consiste à détourner la terre qui est autour des ceps, afin de pouvoir couper les brins de sarments qui sont en terre, de remplir les provins et de redresser les ceps que les vents ont couchés quand la terre était mouillée; à arracher les mauvais ceps pour faire des provins à la place, et à couper les rejetons qui ont poussé sur les ceps que l'on a arrachés; à marquer les provins et à faire les raies, c'est-à-dire donner un petit coup de picche pour relever la terre de dedans, afin que ce soit plus commode à bêcher; on l'a relève un peu, ou on la met sur le bord de la raie. Si une vigne est trop épaisse, on doit arracher les plus mauvais ceps.

On déchause autour des ceps seulement pour donner de la facilité pour couper les brins de sarment qui sont proches et dans la terre, même quelquefois plus bas, afin de rendre la terre plus coulante pour bêcher. On déchausse de la profondeur de neuf centimètres environ, et on arrache les mauvais ceps et les bourgeons qui ont repoussés sur les ceps arrachés; on les arrache de la profondeur de dix-sept centimètres, et c'est le moins bas qu'on doivent les arracher

afin qu'ils ne repoussent pas ; car souvent ils revégètent, et
cela gâte les ceps d'alentour ; on marque encore une fois
les provins avec la pioche, afin de les mieux voir en taillant,
parce que souvent on peut les tailler sans le vouloir ; on
fait une petite raie contre les ceps que l'on veut laisser
pour faire des provins, et on ne doit jamais les laisser pour
les coucher du côté de la coudée, à moins qu'on ne puisse
pas faire autrement. Dans les bons vins, où les ceps sont
longs, on doit les laisser autant que possible pour les coucher sous eux-mêmes, parce qu'ils sont plus commodes à
coucher que par côté ou à l'opposé du côté qu'ils tombent.
Les grands ceps qui traînent sur la terre sont sujets à se chevoler, il faut couper les racines et les relever, puis les recouvrir
de terre afin que la gelée ne les fasse pas périr. Parce que,
dans les bons vins, les ceps sont longs, ils traînent sur la
terre et sont susceptibles d'être bouclés. Pour qu'ils ne
périssent pas on doit les recouvrir avec un peu de terre. Avant
que de remplir les provins on doit déchausser les saillies,
couper les brins qui sont trop bas en terre et en laisser fort
rarement pour faire deux tailles par saillie ; on doit leur
laisser prendre naissance le plus près de la terre possible, même quelques centimètres en dedans : il ne faut pas
les laisser prendre naissance trop bas.

Tous les ceps qui sont de mauvais grain, et tous ceux qui
n'ont pas de force pour pousser en raisins doivent être arrachés, parce qu'il vaut mieux qu'il y ait une place libre
dans une vigne que des ceps sans force ou de mauvais
grain. Un cep qui ne vaut rien pour pousser des raisins doit
être arraché ; cependant, si peu qu'il ait de force on peut le
conserver, parce que les ceps qui n'ont pas de force, sont
des ceps de bon grain, et il faut les conserver tant qu'on
ne peut pas les remplacer par un cep qui est aussi bon.

Souvent ils poussent plus en raisins que ceux qui ont beaucoup de force et qui ne valent rien. Il arrive souvent que tous les ceps d'une vigne ont bien peu de force, mais ce n'est pas une raison pour les arracher ; on doit les conserver tant que l'on peut, parce que ce sont les maladies ou les insectes quelquefois qui sont cause de leur faiblesse.

Les ceps de mauvais grain qui ont beaucoup de force, qui occupent beaucoup de place dans les vignes, doivent être détruits le plus tôt possible. Quand on voit qu'ils ont été coupés la veille des vendanges, à cause qu'ils étaient de mauvais grain, si on ne peut pas les remplacer, on doit les tailler pour les arracher, afin de les affaiblir, parce que ces mauvais ceps affament ceux qui sont de bon grain, qui les environnent, et on ne peut pas les coucher en place, parce qu'ils ne peuvent pas pousser de bois. Alors on doit les détruire, afin que les bons ceps qui sont alentour poussent du bois pour pouvoir les remplacer. Pour les détruire on les taille grands pour les affaiblir tout d'un coup, afin d'en avoir davantage de vin : il vaut mieux que la place soit libre que de laisser un cep de mauvais grain dans une vigne. On a beau les tailler grands, leurs raisins ne valent jamais ceux des ceps de bon grain taillés comme à l'ordinaire.

Cependant, malgré cela, il arrive des années que le raisin y profite comme dans les autres, mais c'est fort rare.

Avant d'arracher les ceps qui ne conviennent pas, on doit faire attention si ceux qui sont marqués pour faire des provins ont assez de bois pour pouvoir être couchés. Tout les ceps qui sont marqués pour faire des provins ne doivent pas être laissés pour coucher, parce qu'il n'en faut pas plus laisser que la mesure. On en marque plus qu'il n'en faut, et ont doit tâcher d'en laisser le plus possible dans la vigne, afin qu'ils ne se trouvent pas tous les uns contre les autres, parce qu'on couperait trop de racines en les creusant, et l'on ne pourrait pas réduire la terre qu'on en tirerait ; il arrive souvent que les ceps n'ont pas assez de bois pour coucher deux saillies ; pour rajeunir davantage on peut laisser deux ceps pour faire un provin de deux saillies, c'est la vraie manière de faire du bon ouvrage.

Le déchaussement ne convient pas dans tous les terrains, surtout dans ceux où la terre est blanche, ou elle est glaise ; partout où on s'aperçoit que cela ne convient pas à la vigne, soit que la terre devienne dure ou trop glaise, il ne faut déchausser que pour couper les brins de sarment qui sont en terre, mais il faut le faire le moins possible ; car la terre alors ne serait pas commode à bêcher. Mais partout dans les terrains légers et chauds, il faut toujours déchausser les ceps, afin de piocher les herbes et de leur empêcher de tant pousser ; car tous les terrains chauds poussent beaucoup d'herbes.

Mais il faut déchausser dans tous les endroits où la vigne n'en reçoit pas de mal, parce que le déchaussement est toujours une façon de plus que l'on donne à la vigne. En outre, quand on déchausse une vigne, on remue la terre, et les pesseaux entrent mieux, parce que cette terre que l'on remue s'amasse autour des ceps ; le déchaussement est la seule façon où la terre se cultive autour des ceps ; jamais dans toutes les autres façons on ne cultive la terre autour des ceps comme par ce moyen. Dans les bons vins il n'est pas utile de déchausser les ceps pour couper les racines qui sont le long du cep, et les brins de sarment qui poussent en terre, parce qu'ils sont longs et traînants sur la surface de la terre, et alors toutes les racines et tous les bourgeons que l'on doit émonder sont parfaitement à découvert. Néanmoins il faut toujours piocher la terre pour couper les herbes, mais il n'est pas utile de piocher aux pieds des ceps comme dans une vigne de gamet; les ceps qui sont longs et traînants se chevolent, et il faut seulement couper les racines et recouvrir les ceps de terre, afin que cela ne gêne pas pour cultiver la vigne.

ART. 15.

De tailler la vigne.

(Deuxième façon.)

Après avoir déchaussé les ceps de vigne, on peut les tailler; or, pour tailler, il faut premièrement couper les brins de sarment qui sont le long des ceps, et de la taille de la dernière année; deuxièmement on rogne; troisièmement on émonde les provins.

Pour tailler, on se sert de la serpe; et la meilleure saison pour cet ouvrage est celle du douze février au vingt mars.

Dans certaines localités on taille avant ce temps, mais l'ouvrage n'en vaut pas mieux pour autant, parce que tailler si tôt ne fait qu'avancer la sève, et la vigne pousse plus tôt qu'elle ne devrait pousser, et on pourrait très-bien la faire geler ou faire périr des ceps, ou geler des boutons en laine, parce qu'ils sont toujours plus avancés que ceux que l'on taille à l'époque de la saison indiquée.

Souvent dans les mois de mars et d'avril, il survient des temps doux; cela avance la sève, elle monte dans les ceps et les boutons grossissent. Cependant, malgré cette température, il est fort rare s'il ne survient pas plus tard des. froids, ou de la gelée.

Les vignes qui ont été taillées plus tôt qu'elles n'auraient dû l'être, ont leur sève plus avancée que celles qui ont été taillées dans la bonne saison. Si la gelée vient à être un peu rude elle fera plus de mal aux ceps où la sève est plus avancée à cause de l'humidité qui est dedans ; qu'il gèle tant fort qu'il puisse geler, s'il n'y a point de sève dans les ceps ils ne périront pas de la gelée, à moins qu'ils n'aient hoquet, ou qu'ils soient tout-à-fait dans le nord, encore faudrait-il que le sol fût très-froid et très-faible.

De plus, sur la fin du mois d'avril, ou dans les commencements de mai, alors que la vigne commence à pousser, elle se développe sensiblement ; sitôt qu'elle a ressenti les premières chaleurs, les boutons s'épanouissent, et, aussitôt qu'ils sont développés, et qu'il a fait chaud quelques jours, il survient presque toujours des fraîcheurs, même bien souvent il gèle, et la vigne craint beaucoup ces gelées. Alors les ceps qui ont été taillés plus tôt que l'on ne devait le faire, sont encore plus épanouis que les autres que l'on a taillés dans l'intervalle du douze février au vingt mars, parce que, quand la vigne n'est pas bien grande, il reste toujours, contre le collet de la taille, quelques boutons qui ne sont pas évanouis, et il ne faut souvent que quelques jours de retard pour qu'ils ne soient pas gelés ; alors si les premiers sont gelés, les boutons du collet les remplacent, et cela suffit pour que les ceps aient encore assez de raisins pour faire une année médiocre.

Voilà pourquoi il ne faut pas tailler avant le temps et la saison, parce que cette taille pourrait faire trop de mal à la vigne ; c'est pendant tout l'hiver que la vigne est sujette à périr, quand elle a été taillée. Après qu'on a coupé les gros brins de sarment contre le cep, cela fait de trop grosses plaies, et s'il vient à geler un peu fort il est très-rare qu'elle n'ait pas de mal ; car la gelée a beaucoup de force contre des ceps nouvellement coupés, elle prend contre la moëlle du brin de sarment que l'on a émondé ; en même temps que la taille faite avant la saison indiquée avance la sève, elle avance la maturité des raisins, et de tailler tard cela la retarde ; enfin, par cette raison, on doit donc tailler à temps et à saison, afin d'éviter tout inconvénient.

Il survient bien des contre-temps dans cette saison. Mais qu'il pleuve, qu'il neige, qu'il gèle, aussitôt que le mauvais temps a passé, on peut tailler, pourvu toutefois qu'il ne gèle pas trop fort ; on doit toujours continuer afin que l'ouvrage ne soit pas en retard.

Cependant quand même la gelée ne serait pas bien forte, si elle ne cesse pas de la journée, la taille ne saurait être bonne, parce que si cette gelée est continuelle elle pourrait être très-funeste ; si la terre reste gelée tout le jour et que l'on ne puisse la remuer avec la pioche simple, on ne doit pas continuer ; car lorsque la terre est dure, c'est preuve qu'il gèle toujours, alors il peut survenir un temps plus froid ; mais si la terre n'est pas trop gelée, on peut déchausser les ceps, tailler et rechausser ; on ferait plus de mal en dechaussant qu'en taillant, alors en rechaussant les ceps il n'y a rien à craindre. Enfin, je le répète, la vigne ne craint pas la gelée, tant qu'il n'y a pas de sève dans les ceps.

Beaucoup de riches propriétaires ne veulent pas laisser tailler dans le temps de la saison indiquée, malgré qu'il y fasse quelquefois bien bon : ils disent qu'il est trop tôt pour tailler et ils veulent attendre plus tard ; ils croient mieux faire, mais ils se trompent beaucoup : ce sont celles qui sont les premières taillées dans cette saison qui poussent le plus de bois et autant de fruits que les autres. La terre en est plus commode à cultiver pour le premier labour, et même pour les autres, parce que les pas sont relevés par les fausses gelées qui surviennent après la taille des vignes.

Il fait meilleur tailler dans la saison indiquée que d'attendre plus tard ; en attendant la saison se passe, marquée quelquefois par de belles journées, ensuite il peut survenir des contre-temps, des pluies, de la neige, des gelées, etc., et on ne peut guère tailler ; alors on est forcé d'attendre plus qu'on ne le voudrait, et l'ouvrage ne se fait toujours pas malgré que la saison s'avance.

Quelquefois il arrive des froids, et il ne fait pas si bon tailler que dans le commencement de la saison, où bien si le temps est au beau, qu'il fasse chaud, et qu'il soit un peu tard, la sève monte et les boutons grossissent, alors on peut les faire tomber en taillant ; de plus, la sève sort des ceps, et elle est sujette à noyer les boutons ; cela fait du tort à la vigne ; car la sève en sort abondamment, mouille la taille, et dans ce moment il peut encore arriver des froids qui font geler la sève dans la taille et au dehors, et cela peut nuire beaucoup à la vigne.

Si les vignerons pouvaient toujours tailler par le beau temps, cela serait bien meilleur que de tailler quand il est mauvais ; mais un cultivateur-vigneron qui a une forte exploitation de vigne ne peut pas toujours le faire par les bonnes journées ; mais pourvu qu'il n'y fasse pas trop mauvais, on peut y travailler. J'ai remarqué souvent que quand on taillait par le mauvais temps cela ne faisait point de mal à la vigne. Du reste, la vigne ne craint pas la gelée tant que la sève n'est pas montée. Enfin on doit donc tailler en temps et saison convenable pour faire un bon ouvrage ; c'est fort rare que l'on fasse du mal à la vigne en la taillant dans la saison indiquée, ou bien il faut qu'il survienne des froids extraordinaires.

Pour bien tailler il faut avoir une serpe bien effilée, porter avec soi une pierre à aiguiser pour effiler la serpe toutes les fois que le besoin sera utile, parce que dans la journée la serpe est toujours sujette à ne pas bien couper. Le taillant se retourne, et devient plus épais, soit en coupant des ceps ou quelquefois du vieux bois, où il s'en trouve du sec. Quand le taillant de la serpe est retourné, qu'il ne coupe presque plus, on doit l'aiguiser, afin de faire du plus joli ouvrage et pour qu'il soit meilleur.

La taille dans les bons vins n'est pas la même que dans les gamets; chaque plant a presque sa taille différente.

Taille des bons vins.

NOIRIEN ROUGE ET BLANC.

Les noiriens rouges et les noiriens blancs se taillent les uns comme les autres : dans les bons vins on ne doit laisser qu'une seule taille par pied de vigne, afin de les étendre sur la terre. Cependant si une vigne avait beaucoup de force, on pourrait en laisser deux ou trois par cep, suivant la force qu'elle peut avoir ; mais c'est très-rare que les ceps dans les bons vins poussent tant de bois, parce que presque toutes ces vignes sont plantées dans de petits terrains. Cependant il se trouve quelquefois des veines dans les vignes, ce qui fait que le terrain est meilleur ; mais à moins de cela, tous les bons vins sont dans des terrains légers et délicats ; enfin l'un ne va pas sans l'autre. Jamais un fort terrain où la vigne pousse beaucoup de raisins et peut les amener en bonne maturité, ne produit du bon vin; néanmoins il se trouve des veines où le fonds est bon, et produit du vin d'une assez bonne qualité, mais il faut pour cela que le terrain soit bien exposé, et le sol très-chaud et très-fertile; toutefois quand une vigne a beaucoup de raisins le vin n'a jamais tant de qualité que quand les ceps ont une beauté ordinaire. Remarquez les années : elles ont beau être chauoes, l'abondance nuit à la qualité; si elles sont tempérées, et le terrain bien exposé, il en résulte une bonification ; mais, s'il y a trop de raisins dans les vignes, le vin ne pourra pas avoir la qualité qu'il devrait avoir.

Pour bien tailler les bons vins il faut couper tous les brins de sarment qui sont le long du cep et les couper bien proprement, afin qu'ils ne repoussent pas; on doit les couper jusqu'au cep, afin qu'ils ne fassent point de nœud, mais on ne doit pourtant pas s'exposer à couper l'écorce à force de couper près du cep. En cas qu'on le fasse pour que la plaie se puisse bien recouvrir, et que le cep soit plus uni, il faut toujours laisser pour faire la taille le brin du sarment qui a le plus de force, qui est le plus gros et le plus droit. On doit laisser autant que possible le premier brin de sarment du cep; car généralement c'est toujours celui qui pousse le plus en raisins, surtout dans le blanc, et au moins le cep est plus droit. Il faut toujours l'étendre le plus que l'on peut sur la terre, pour le faire lier contre le pesseau, afin que les raisins réussissent mieux. Dans le brin de sarment que l'on laisse pour faire la taille, on doit aussi laisser deux ou trois nœuds, et trois ou quatre boutons par taille, s'ils ne sont pas trop éloignés : c'est suivant la force qu'ont les ceps. Il convient également de faire attention de ne pas les étendre trop vite;

ils deviendraient trop fluets, et finiraient par ne plus pousser avec force, et produiraient très-peu de raisins; il ne faut pas non plus tailler trop court, parce que les ceps deviendraient trop gros, et on ne pourrait pas les étendre pour les lier aux pesseaux. Quand ils sont par trop gros, ils arrachent les pesseaux auxquels ils sont liés, et la taille lève en l'air; alors les raisins ne profitent jamais si bien. Enfin on doit tailler à proportion de la force du cep, pour qu'ils ne deviennent ni trop gros, ni trop fluets; car ils ne vaudraient pas ce qu'ils devraient valoir. J'en ai fait l'essai: j'ai vu de jeunes ceps qui avaient beaucoup de force, j'ai voulu les étendre trop vite en les taillant un peu grands, alors ils devenaient tout-à-fait fluets, et dépérissaient; ils s'étaient efforcés et végétaient dès-lors comme s'ils avaient eu hocquet, parce que la nature des terrains délicats ne peut pas produire plus que sa force le permet.

En rognant le brin de sarment que l'on a laissé pour faire la taille, on doit laisser six millimètres de bois plus haut que le dessus bouton de la taille, et rogner bien rondement, afin que cela recouvre plutôt, et que l'ouvrage soit plus propre et meilleur. Beaucoup de propriétaires ne veulent pas laisser tailler rondement; ils croient que l'eau entre mieux dans la moelle du sarment qu'en taillant en sifflet. Voilà pourquoi ils préfèrent ce genre de taille. L'eau ne peut pas entrer dans la moelle du bois, parce que dans les nœuds il n'y a pas de moelle, cela fait bois. Enfin on a beau tailler rondement, l'eau qui tombe sur le dessus de la taille coule par côté, et n'entre pas du tout dedans; car comment l'eau ferait-elle pour passer le travers, puisque dans les nœuds le bois est plus dur que partout ailleurs? Assurément il vaut beaucoup mieux tailler rondement qu'en sifflet.

Dans les bons vins, s'ils ont assez de force pour qu'on puisse laisser plusieurs tailles sur le même cep, on doit leur faire prendre naissance, autant que possible, près de la terre; car, sans cela, ils ne réussiraient pas bien. Il faut les éloigner les uns des autres le plus que l'on peut, afin que les tailles ne soient pas si proches les unes des autres, de manière à pouvoir [mettre un pesseau contre chaque taille; car si on les liait contre le même pesseau, ils se gâteraient les uns aux autres.

Quand les ceps deviennent trop longs, on les étend les uns sur les autres, en les proportionnant autant que l'on peut, suivant la longueur; car il résulte quelquefois de leur inégalité qu'ils se trouvent, les uns contre les autres, cela produit un mauvais effet : il y en a quelquefois qui tombent sur les jeunesses; il faut avec soin les détourner parce qu'ils gâteraient les autres. On en rencontre également ment qui sont très-longs, et d'autres très-courts; ce qui fait un mélange où bien souvent on y comprend rien. La longueur ordinaire des ceps de bons vins est de soixante à quatre-vingts centimètres, selon la force du terrain. Quand le terrain est faible, les ceps ne peuvent pas réussir; si on les laisse devenir trop longs, la gelée les fait périr; mais quand il est fort, ils deviennent plus robustes, et résistent mieux aux intempéries de l'air.

Taille des gamets et des petits blancs.

Les deux plants se taillent l'un comme l'autre, même le noirien rouge et le noirien blanc, quand le terrain est un peu fort et qu'ils se trouvent mêlés ensemble; mais on ne les taille de cette manière que dans les terrains qui craignent la gelée. Les gamets et les petits blancs ne se taillent pas de la même manière que les bons vins ; ce n'est plus du tout la même chose ; au lieu de les étendre sur la terre, on les laisse s'élever à la longue ; puis, quand ils sont parvenus à une certaine hauteur, on doit les rabaisser vers la terre. Dans ceux-ci on ne laisse qu'une taille mais un peu plus longue ; dans les gamets au contraire on doit toujours laisser au moins deux tailles par cep, mais plus courtes que dans les autres. Dans tous ces plants on ne doit laisser que deux ou trois boutons par taille, et éloigner ces tailles autant qu'il est possible les unes des autres, c'est-à-dire de dix-sept centimètres environ, afin qu'un pesseau puisse servir pour les deux tailles du même cep.

Dans tous ces plants, on doit prendre garde que tous ces ceps ne s'élèvent trop haut : quand ils ont plus de trente-trois centimètres de hauteur, les raisins ne profitent pas bien, parce qu'ils sont trop éloignés de la terre ; quand ils sont trop hauts, il faut les arracher, ou les recoucher, ou les démonter, suivant la force du terrain et la température du climat ; plus le terrain est petit, ou bien, plus le climat est au nord, plus on doit rabaisser les ceps ; plus au contraire le climat est au midi, plus il est fort, plus on peut laisser s'élever les ceps, mais c'est aussi suivant les plants ; il y a des plants qui craignent moins le froid les uns que les autres. Quand les deux tailles d'un cep sont un peu hautes, qu'elles ont plus de vingt-cinq centimètres, pour les abaisser l'année après, on peut laisser une petite taille de deux nœuds dans le bas du cep, et l'année après on pourra faire une taille ou deux, si celles du haut ne valent plus rien, et ôter celles qui sont trop hautes.

Quand les ceps sont trop hauts, qu'ils ont plus de trente-trois centimètres de hauteur, les raisins eux-mêmes contre les bourgeons, ils se trouvent trop loin de la terre pour pouvoir profiter comme ils le devraient; parce que, pendant la fleuraison, s'il survient des contre-temps, des fraîcheurs d'été, la fleur ne se passe pas bien, car il y en a qui se trouvent à plus de soixante centimètres de la terre; alors comment feraient-ils pour bien profiter, si le terrain n'est pas bien fort et le climat aussi un peu chaud?

Plus les raisins sont proches de la terre, plus ils passent vite de fleur, et mieux ils mûrissent à la veille des vendanges. Que les raisins soient tant près de la terre qu'ils puissent être, pourvu qu'ils ne la touchent pas ils sont mieux que d'être si haut.

Cependant si le terrain est fort et le climat chaud, les raisins pourraient bien réussir quand même ils seraient à deux mètres de hauteur; ils réussiraient mieux dans ces terrains à un ou deux mètres de hauteur, que dans un terrain faible ou tourné au nord, où les ceps n'auraient même que dix-sept centimètres et même moins; les ceps seraient faibles et ne pourraient pas résister à la gelée, tandis que dans le premier cas ils seraient plus robustes, plus vigoureux, et résisteraient mieux à toutes les intempéries; et, une raison de plus, la température est moins rigoureuse, et jamais ils ne périssent à moins que ce ne soit par des maladies ou par le trop d'âge.

Dans un petit terrain planté d'un bon grain, de gamets ou de petits blancs, les ceps qui n'ont pas beaucoup de force ne doivent avoir qu'une seule taille, et si le fonds est un peu au nord et que l'on s'aperçoive que les ceps craignent la gelée, on doit les remettre en terre très-souvent et les entretenir très-courts, pas d'exception pour les bons vins eux-mêmes, parce que ce ne sont toujours que les ceps qui craignent la gelée, et c'est fort rare si le bois de l'année souffre de l'hiver.

Il n'en est pas de même dans les forts terrains, où les ceps sont robustes et vigoureux : ils ne craignent jamais la gelée ; on peut les laisser s'élever vu la force du terrain, et laisser deux, trois, quatre tailles par cep, et ne tailler guère qu'un bouton de plus par taille que dans les terrains faibles ou ordinaires ; car les ceps deviendraient trop hauts, et seraient gênants pour travailler pendant l'année, et ils n'en vaudraient pas d'autres moins hauts. Pour arrêter la force d'un cep dans un fort terrain et pour avoir un bon revenu, il faut laisser les brins de sarment à côté, de la longueur de vingt à vingt-cinq centimètres, et laisser des chevolées pour avoir davantage de raisins ; car sans cela les ceps pousseraient beaucoup de bois et guère de fruits, parce que la force du cep se porterait dans le bois et les raisins ne profiteraient pas comme ils le devraient, si l'on taillait à proportion de la force du cep, parce qu'ils deviendraient trop hauts, et finiraient par dépasser les pesseaux ; or, pour les abaisser, il faut laisser de petites tailles dans les pieds des ceps, et démonter ceux qui sont trop hauts.

Voilà en quoi consistent les catégories de la taille de la vigne ; c'est la chose principale et essentielle ; les autres, façons ses labours, quoique secondaires, pourvu qu'ils soient faits dans des temps convenables, sont d'une grande importance et si peu que l'on accroche ses bourgeons pour la faire ramper, la vigne amènera toujours des raisins ; mais si elle est bien cultivée, les raisins profiteront davantage. On doit émonder les ceps que l'on marque pour les provins, suivant que l'on taille. Pour les bien émonder, on doit couper tous les petits brins de sarment qui ne sont pas utiles pour faire des saillies et couper aussi

5

beau coucher une vigne et la rajeunir par des provins, cela
ne fait jamais un si bon effet que de l'arracher et faire reposer le fonds pour le replanter, parce que dans une vigne
où l'on remue trop la terre, le terrain devient trop mouvant
et les racines n'y prennent jamais autant de force que quand
il est bien affermi.

Souvent on craint d'arracher, mais on a tort, car on empêche au fonds de produire. Je suppose que l'on cultive
une vieille vigne pendant quarante ans, que l'on arrache la
voisine qui est en même nature, qu'on laisse reposer la
terre pendant dix ans, et qu'au bout de ce terme on re-
plante la vigne : je suis sûr que pendant les trente ans, on
récoltera plus de vin dans le fonds de la même contenance
que dans l'autre pendant les quarante ans. Pendant les dix
ans que le fonds s'est reposé, cela n'empêchait pas pourtant d'en retirer un bon revenu.

Oui, je le répète, on a grand tort de cultiver une vigne
qui ne produit pas ce qu'elle devrait produire. Il y a pourtant des fonds où la vigne n'a jamais été arrachée, où elle
est assez jolie et toujours d'un bon rapport ; mais si on les
épuisait comme je viens de le dire, et qu'on fit reposer le
fonds pour le replanter, on récolterait trois fois plus que
de coutume. Enfin il est donc utile de renouveler les plantations : quand on laisse toujours les mêmes plants
dans un fonds, leur production se ralentit également. Remarquez pour les céréales : si l'on plante, ou si l'on sème
toujours les mêmes graines dans le même fonds, seulement
deux ans de suite, vous verrez que la deuxième année la
récolte ne vaudra pas celle de la première. Il est à peu près
de même pour la vigne ; voilà pourquoi il est utile de faire
reposer un fonds. Mais cependant, après qu'il s'est reposé
un certain temps, on peut y replanter une même vigne du
même grain que précédemment.

Les vignes fines ne sont pas de même; elles ne doivent jamais être arrachées qu'à toute extrémité.

ART. 16.

De sarmenter.

Après avoir taillé, on doit ramasser le bois qui est dans les vignes, parce que si on le laisse trop long-temps, que l'on attende que les boutons soient gros, on risque à les faire tomber en sarmentant. De plus, on foule trop la terre, et cela n'est pas aussi commode pour la bêcher. Ceux qui ne bêchent pas, ne s'imaginent pas combien ils perdent en faisant sarmenter trop tard, parce que la terre ne se cultive pas aussi bien. Le bêcheur a plus de peine et n'en fait pas autant, et l'ouvrage n'est jamais aussi bon, parce que la terre se met trop en grosses mottes.

Il faut donc faire sarmenter. On fait lier les sarments en javelle, et on les fait sortir de la vigne le plus tôt que l'on peut, parce que s'il survient des fausses gelées cela soulève les pas que l'on a pu faire en taillant et en sarmentant : la terre aussi est plus facile à cultiver. Il faut tâcher de faire toujours cet ouvrage quand la terre est sèche ou gelée, afin de ne pas fouler autant la terre, qui dès-lors devient dure et glaise. Il fait bien bon sarmenter quand elle est sèche ou gelée.

proche de la terre, les raisins ne profiteraient pas bien. On pourrait encore tailler ces plants pour arracher une année, en le faisant court; puis, l'année suivante, on les laisserait afin de les chevoler.

Il faut qu'une vigne que l'on taille pour arracher soit cultivée tout comme une autre, si l'on veut que les raisins profitent; car il faut comprendre qu'une vigne qui est taillée pour arracher, pousse presque toujours plus en raisins; et si on la néglige, les raisins ne deviennent pas gros, non plus que les grumes, et ne profitent pas comme si on la cultivait comme elle doit l'être; on ne doit pas plus la négliger qu'une autre vigne, même moins.

Seulement, si l'on veut, on n'y met point de pesseaux pour l'accoler. On accole tous les bourgeons d'un même cep les uns contre les autres, après les avoir dressés très-droits; on ne fait qu'une accolade par cep, on la passe tout-à-fait contre les raisins, et on coupe les bourgeons presque tous contre l'accolade, seulement deux ou trois nœuds plus haut, afin que les ceps puissent se porter d'eux-mêmes. Les jeunes ceps qui ne peuvent se porter d'eux-mêmes, pourraient avoir besoin de pesseaux pour les soutenir.

Dans les grands ceps, on doit toujours mettre des pesseaux, parce qu'ils ne peuvent pas se porter d'eux-mêmes; ou bien ils se coucheraient par côté sur la terre; ou bien encore, s'ils étaient forts, ils s'élèveraient trop haut. De plus, les tailles ne pousseraient pas bien et les raisins de leur côté profiteraient moins bien que si les ceps étaient liés contre les pesseaux, comme cela se pratique ordinairement, afin qu'ils soient plus proches de la terre.

Dans les bons vins, où les ceps sont longs, cela fait un bon effet de les tailler une année ou deux pour être arrachés et de les chevoler après. Si les années se trouvent d'être abondantes, on leur fait par ce moyen porter beaucoup de raisins. Après qu'une vigne est abattue, on doit l'arracher, afin de faire reposer le fonds, pour le préparer à être remis en vigne; mais tant qu'une vigne a de la force et qu'elle amène des fruits, il faut continuer de la tailler ainsi, afin de l'épuiser totalement.

Dans beaucoup de localités on n'a pas l'habitude d'arracher les vignes; on les cultive tant qu'elles veulent pousser souvent même il y en a qui ne produisent pas pour indemniser des frais de culture; alors le fonds ne produit donc rien, et, par conséquent, c'est perdre son temps que de cultiver une vigne usée; on doit l'arracher promptement; c'est ce que l'on doit faire. Car il vaut mieux qu'une vigne, soit en toppe ou en terre, ou en bonne nature de sainfoin, que d'être en mauvaise nature de vigne. Cependant je sais parfaitement que la vigne reste des années entières en chômage, mais souvent c'est la mauvaise température qui y contribue. Si l'on voit qu'une vigne ne produit pas comme elle le devrait, et que ce ne soit pas l'intempérie qui en soit cause, alors il n'est pas utile de la laisser exister.

Il y a beaucoup de terrains où, quand elles sont bien entretenues, les vignes ne périraient jamais et amèneraient toujours du fruit. Mais il y a une grande différence dans les jeunes plantes, et si l'on veut avoir beaucoup de vin, il faut avoir beaucoup de plantes. Quoiqu'une vigne ne s'use pas tout-à-fait, le terrain se lasse d'être toujours planté en vigne. Aussi il y a beaucoup de vignerons, qui, lorsqu'ils voient que leurs vignes commencent à s'abattre, y font beaucoup de provins pour les relever, et croient que quand elles sont ainsi toutes rajeunies, elles valent des plantes. Non; on a les queues de raisins qui sont trop grandes, et les nices (ou liasses) en même temps et tous les brins de sarment fourchus; il faut aussi conserver les brins de toute leur longueur, pour pouvoir les étendre dans les provins, et faire des saillies. On doit toujours en laisser plus qu'il en faut pour le provin, parce qu'il arrive souvent que les brins de sarment sont chenevotés; et quand on fait les provins, que les saillies sont trop courtes, on ne peut pas les placer dans l'endroit où elles devraient être.

Cependant il arrive souvent qu'il y a des grandes places dans les vignes, et que les ceps qui sont alentour n'ont pas assez de bois pour être couchés; il faut attendre qu'ils en aient suffisamment; mais on attendrait quelquefois trop long-temps. Alors, pour avancer de garnir les places, il vaut mieux les laisser pour les chevoler, et alors en les chevolant de bonne heure, on est presque sûr que l'année suivante, quand ils auront la pousse d'une année de plus, ils auront suffisamment de bois pour les coucher dans les places libres.

Dans une journée, un homme peut déchausser et tailler une ouvrée de vigne, dans une vigne ordinaire, taillée en gamet; mais dans les bons vins, où il n'y a guère à déchausser et qu'une taille par vigne à faire, et qui n'est pas plantée plus épaisse que les premières, il en peut bien tailler le double par jour.

De tailler la vigne.

POUR ARRACHER.

On ne peut pas fixer le temps qu'une vigne peut durer: cela dépend du terrain et du plant.

Soit qu'une vigne soit usée, soit que le grain ne con_vienne pas dans le fonds, ou qu'elle soit d'un mauvais grain, la vigne, avant d'être arrachée, doit se tailler grande afin d'en avoir un meilleur produit, ou la laisser pour che-voler.

Quand on veut tailler une vigne pour arracher, on doit laisser plusieurs grandes tailles, et des chevolées, pres-que de toute la longueur du brin de sarment, afin de les mettre en terre pour que les raisins profitent davantage, parce que si on ne les mettait pas en terre, et que la vigne n'ait pas beaucoup de force, les raisins seraient trop petits et efforceraient trop le ceps; alors les raisins de ce cep, ou des chevolées ne vaudraient pas ce qu'ils devraient va-loir. Mais si le terrain était fort et la vigne aussi, on pour-rait les laisser hors de terre pour qu'il y ait davantage de boutons qui produisent des raisins; mais pour qu'ils puissent réussir sans les chevoler, il faut que ce soit un terrain inépuisable.

Quand on taille une vigne pour arracher, on laisse deux, trois, quatre tailles, et sept à huit boutons par taille, sui-vant la force du terrain et la vigueur du cep, afin qu'elle pousse beaucoup plus en raisins, et qu'elle soit efforcée dans très-peu d'années, et afin de ne pas arracher des ceps encore vigoureux, parce que quand ils ont beaucoup de force on leur fait produire toujours beaucoup de raisins.

Si on veut la laisser pour chevoler, on doit laisser deux ou trois brins de sarment presque de toute leur longueur, afin de les faire raciner quand ils seront couchés en terre, pour alimenter la quantité de raisins qu'ils pourront pous-ser. Dans les bons vins, où les ceps sont longs, on doit presque toujours les laisser pour chevoler, parce que si on les taillait pour arracher, et que les ceps ne fussent pas liés

ART. 17.

De bêcher (boicher).

(Troisième façon).

PREMIER LABOUR.

Le bêchement se fait ordinairement du vingt·mars au dix avril.

Pour bêcher, on se sert de la meigle, dans les principaux terrains de vignes, et surtout dans les terres légères ; dans les forts terrains pierreux, où l'on ne pourrait pas se servir de la meigle à cause que la terre est trop rude à cultiver, on peut se servir de la pioche à dents ; et dans les gros terrains de terre blanche, on peut prendre le fessou ; pourvu que la terre soit cultivée, peū importe l'outil qui la remue. Mais cependant la différence est qu'il y a des outils plus commodes les uns que les autres pour certains terrains. Quand on ne peut pas se servir de la meigle, on peut se servir d'autres outils, parce qu'elle ne serait pas assez forte pour les bien cultiver ; il y en a même où elle ne pourrait pas servir.

La terre s'y raffermit trop, la meigle ne pourrait y entrer, et ne pourrait aller assez bas, en supposant qu'elle puisse entrer. Mais partout où l'on peut s'en servir, il faut toujours l'employer ; car on avance beaucoup plus, l'ouvrage est plus joli, la terre est mieux égalisée et l'ouvrage est tout aussi bon.

Pour bêcher à la meigle, on mène la vigne en longueur *(à ordon)*, on commence dans le bas, c'est le côté le plus commode et où on avance le plus, et aussi où on a le moins de peine. Si le fonds n'est pas en pente, peu importe le côté vers lequel on se tourne pour le cultiver. La largeur qu'un homme peut et doit mener devant lui, est d'un mètre cinquante, à soixante centimètres de large. En commençant son ordon, il doit commencer aussi plainement que dans le reste de la vigne; ne jamais faire de hauteurs, bien tenir la terre au fur et à mesure qu'il cultive, et se démarcher suivant que l'on bêche. On doit boucher la trace de ses pieds, afin qu'on ne voie pas de creux dans la terre cultivée, et on doit écraser les plus grosses mottes, suivant que l'on avance, et continuer ainsi jusqu'à la fin, et retenir la terre le long des raies afin qu'elle ne s'épanche pas autant dedans, et on peut faire un petit bord le long, et égaliser les hauteurs qu'on a faites en déchaussant, de façon que la terre soit plaine. Mais les hauteurs qu'on a faites en creusant les provins les années auparavant, il faut les laisser s'épancher à la longue, en travaillant, parce que souvent quand on a fait beaucoup de provins dans une vigne on a beau épancher la terre elle est toujours un peu plus élevée qu'ailleurs; on bêche par-dessus, et elle finit par s'égaliser au terrain. Quand il se trouve une borde devant, on doit toujours bêcher autour comme ailleurs et ne pas laisser de terre inculte. On doit faire attention si elle est bien tenue, et de quelle profondeur on doit la travailler. Dans tous les terrains légers, il faut éviter de cultiver trop bas; car plus la terre est légère et moins il y a de terre dans le fonds, moins il faut la cultiver bas. Dans plus de mille ans : si on n'y avait pas fait des provins pour les rajeunir, que seraient-elles devenues? Les ceps seraient presque tous morts, surtout toute la partie qui est hors de terre, et ils auraient végété dans le pied, sans presque jamais produire des raisins, parce qu'ils dégénèreraient presque toujours, et les raisins qui seraient venus eussent été de peu de valeur : ils seraient devenus de plus en plus inférieurs. Oui, c'est en renouvelant les ceps qu'on les améliore. Les vignes dont on ne connaît pas l'origine, celles qui sont bien cultivées, n'ont pas un cep qui ait plus de vingt-cinq ans ; mais ceci dépend beaucoup de la force du terrain. Dans les forts terrains, ils résistent plus longtemps que dans un terrain petit : plus le terrain est maigre et plus il est au nord, plus on doit renouveler les ceps. Point de provins : point de bons cultivateurs-vignerons ; point de provins : peu de revenus. C'est la régénération des ceps, qui est l'âme de l'amélioration des plants : plus on recouche un cep, plus il est bon ; c'est la source de l'abondance des vignes.

Outre que les terrains ont besoin que l'on fasse plus de provins dans les uns que dans les autres, les plants y contribuent aussi ; il y a des plants qui en nécessitent davantage, pour qu'ils puissent bien produire.

Dans le noirien rouge, on ne doit pas en faire plus de trente-cinq par ouvrée par an.

Dans le noirien blanc, on ne doit pas en faire plus de vingt-cinq dans la même contenance.

Dans le gamet et le petit blanc, on ne doit pas en faire plus de trente ; c'est déjà beaucoup pour chacun d'eux.

Pour que l'ouvrage soit bon, on peut en faire trente dans le noirien rouge, vingt dans le noirien blanc, et vingt-cinq dans le gamet et le petit blanc ; mais ceci dépend de la nature des vignes, et suivant comme elles ont été négligées. Dans une vigne que l'on aurait négligée pendant plusieurs années, on doit doubler, pendant deux ou trois ans, le nombre indiqué.

Mais si la vigne a été bien entretenue, on ne doit pas en faire de plus, à moins que ce ne soit une plante un peu vieille, c'est-à-dire d'une vingtaine d'années, et qu'on veuille la renouveler ; parce que, à cet âge, on doit renouveler les vignes un peu plus qu'à l'ordinaire, afin que les ceps ne se trouvent pas tous également gros dans le même moment ; parce que plus tard cela ferait un mauvais effet, surtout dans le noirien et le gamet. Mais si c'est une plante que l'on vient de garnir, il n'en faut pas faire tout-à-fait autant ; on n'en ferait que la moitié pendant six ou sept ans que cela suffirait.

Dans le noirien rouge, les provins valent mieux que dans les autres plants ; c'est beaucoup plus urgent d'en faire de plus, parce que les jeunesses y sont meilleures. Pour qu'une vigne de noirien rouge pousse beaucoup en raisins, il faut qu'elle soit de jeunesses ; les vieux ceps y dégénèrent aussi plus vite que dans les autres plants, et souvent restent des années en chômage. Aussitôt que les noiriens sont un peu vieux, les ceps ne poussent pas autant en raisins, et ceux-ci sont plus petits. Cependant, quand les vignes sont bien entretenues, il y a de vieux ceps qui sont également bons.

Dans le noirien blanc, il n'en est pas de même ; tant que les ceps n'ont pas cinq à six ans, ils ne valent pas les grands ; mais, quoi qu'il en soit, il faut toujours rajeunir.

Les gamets et les petits blancs ne peuvent pas s'en passer non plus ; quand les ceps sont par trop vieux, ils ne valent pas non plus les jeunesses, et ils deviennent gênants pour

Il y a des cultivateurs-vignerons qui, quand il y a beaucoup de provins dans leurs vignes, négligent de les bêcher, disant qu'ils veulent attendre que les provins soient faits pour bêcher.

Cela produit un très-mauvais effet. C'est pour ne pas remuer autant de terre ; car ils prétendent que la terre que l'on sort des provins est une terre cultivée. La terre qui est sous cette terre, sortie des provins, n'est pas remuée, et c'est ce qu'il aurait fallu faire. Quelquefois on attend trop longtemps, et l'ouvrage n'est pas aussi bon, et les provins ne sont pas aussi bien arrangés ; alors en bêchant cela n'est pas aussi commode, car quelquefois, les boutons des saillies sont gros ; la terre tombe dessus, cela les abime, et, dans ce moment, si le temps est au froid, la vigne est susceptible de geler, souvent dans le temps où on ne s'y attend pas, et on n'arrange jamais aussi bien la terre. La terre sortie des provins couvre en partie la surface du fonds, et ce n'est que cette terre que l'on cultive, et cela ne produit pas un bon effet. Il résulte des expériences que j'ai faites, que la vigne ne pousse pas autant en bois et le fruit ne profite pas aussi bien ; de plus, la terre est plus difficile à cultiver pour les autres labours qui suivent. La surface que l'on a coutume de cultiver est souvent beaucoup plus ferme.

Un homme, dans une journée, peut bêcher deux ouvrées de vigne et même plus, et les bien bêcher, surtout dans les terres légères, en bêchant avec la meigle. Mais dans les terrains rudes, quand il bêche avec la pioche à dents ou avec le fessou, c'est tout au plus s'il peut en faire une ouvrée ; car, dans ces terrains, la terre est rude à remuer, soit parce que ce sont des terrains pierreux, soit que les terres soient glaises, on est forcé de les mieux tenir, parce qu'on ne pourrait pas les cultiver dans les autres labours.

ART. 18.

Des provins.

(Quatrième façon.)

DU TEMPS FAVORABLE A LEUR EXÉCUTION ET DU NOMBRE
DE PROVINS QUE L'ON DOIT FAIRE PAR OUVRÉE.

Creuser les provins, planter les pesseaux, lier les vignes, chevoler les provins, faire des chevolées, chevoler les vignes pour être arrachées; tous ces ouvrages se font dans le même moment.

C'est du dix avril au douze mai, que se font tous ces ouvrages. Sitôt les vignes bêchées, on peut commencer toutes ces façons.

Le 10 avril, les boutons de la vigne n'ont quelquefois pas poussé, la sève n'a pas avancé, et, souvent, au 12 mai, ils ont plus de vingt centimètres de long.

C'est le meilleur ouvrage que l'on puisse faire que de creuser des provins dans les vignes ; cela contribue beaucoup à leur réussite ; quand on reste plus de deux ans sans en faire, elles sont bientôt abattues. Il faut que les ceps soient renouvelés ; sans cela, ils deviennent trop gros et sont susceptibles de dégénérer, et, par la suite, de périr par la gelée. Il y a des vignes que l'on n'a jamais vu planter, dont on connaît à peine l'origine, qui ont peut-être

un terrain où il n'y a guère de terre, si on la cultivait un
peu bas, on couperait toutes les racines de la vigne; et elle
ne réussirait pas bien. Souvent la fondation du terrain
n'est que rocher ou gravier, où les racines ne peuvent pas
entrer ; alors comment la vigne ferait-elle pour venir, puis-
qu'il n'y a quelquefois que douze ou quinze centimètres de
terre? La vigne ne pourrait pas venir si le terrain était cultivé bas ; la vigne pourtant y réussit parfois très-bien. Plus
il y a de terre dans un fonds, plus il est fort, et plus on doit
le cultiver bas. La profondeur ordinaire est de neuf centimètres ; dans les fonds que l'on appelle terrains de vigne,
il n'est pas utile de défoncer en cultivant une vigne, on
lui ferait plus du mal que du bien ; il est préférable de
tenir mieux la terre et de lui donner ses labours à temps
et à saison : il n'en faut pas davantage pour sa culture.
Ainsi, en cultivant à l'ordon, on doit faire attention à ne
pas boucher les jeunes ceps ni les tailles, parce qu'il y a
de jeunes ceps et des tailles qui sont très-bas, et il arrive
bien souvent qu'on les couvre de terre ; on doit faire attention d'éviter cela, car ce sont presque toujours les meilleurs,
ceux dans lesquels les raisins profitent le mieux. En arri-
vant au-dessus de la vigne, il faut faire attention à ne pas
trop descendre la terre. Il y en a qui affament les dessus
de vigne ; il n'y reste plus de fond, et la vigne n'y peut pas
croître. En finissant, les bêcheurs doivent se tourner en
travers, pour ne pas tant affamer le dessus, recommencer
les ordons, et faire renverser la terre sur le premier pour les
mêler ensemble. Il y a des vignerons qui n'assemblent pas
leurs ordons ; cela ne fait pas un joli ouvrage. On doit les
mêler autant que possible, pour que la terre soit bien assemblée et que l'ouvrage soit plus propre.

Dans les forts terrains, où l'on ne peut pas se servir de la meigle pour donner le premier labour à la vigne, il faut se servir, soit de la pioche à dents, soit du fessou ; mais dans ces derniers terrains, on peut bien ne pas bêcher à ordon, et cultiver de la largeur que l'on veut dans la vigne ; on doit renverser la terre autant qu'on le peut avec la pioche à dents et avec le fessou, même plus qu'à la meigle. Seulement il faut les cultiver un peu plus bas.

Une fois que la saison de bêcher est venue, s'il fait beau temps, il ne faut pas négliger ce labour, parce que plus on attend plus on perd. On doit toujours faire l'ouvrage à temps et à saison ; cependant l'ouvrage est encore bon quand l'on bêche tard. Mais il vaut toujours mieux faire bêcher dans la saison que j'ai indiquée plus haut ; car souvent il survient des contre-temps et cela retarde beaucoup l'ouvrage. Quand la terre est mouillée, elle est peu propice ; cependant il y a des fonds où la terre durcit tellement, que l'on est forcé d'attendre qu'elle soit mouillée pour la cultiver ; il y a exception dans ceux-là, tels que les terres blanches et glaises, etc... Je ne répèterai pas cette question pour les autres labours ; de plus, en attendant, la terre se met en sève et l'on n'avance pas autant ; les herbes poussent, et il n'est pas du tout facile de les couper avec la meigle. Quand une fois la terre est en sève, on ne s'imagine pas la différence qu'il y a auprès du commencement : la terre se marie ensemble, et elle est plus ferme que précédemment ; l'outil ne fait que son trou, au lieu qu'avant la terre s'épanche de tous côtés.

La terre se met en sève au commencement du mois d'avril, après quelques jours de chaleur ; et au bout de quarante-huit heures, on ne saurait se faire une idée de la différence qu'il y a : cette sève arrive presque tout d'un coup.

travailler, parce qu'ils s'élargissent ou bien s'élèvent trop.

On se sert de la pioche simple, ou de la pioche à dents, ou des bêches pour creuser les provins, selon comme la terre est dure à piocher. On doit faire les provins de la largeur de quarante à cinquante centimètres, selon la grosseur des ceps, et de la longueur de l'espace d'une rangée à l'autre ; si c'est dans la rangée, on doit les faire de la longueur de la distance de deux saillies, dont la distance a été indiquée dans l'article de la plantation. Ainsi, on fait donc cette petite fosse ; sa profondeur suit celle du fonds, comme on l'a dit en parlant de la plantation, suivant la nature du terrain. Dans les terrains chauds, fertiles et délicats, comme dans ceux des vignes fines, on ne peut pas les creuser bien bas, parce que souvent le fonds y manque.

Mais quand il y a du terrain suffisamment, on doit les creuser de la profondeur de quarante centimètres environ ; mais, en les creusant un peu bas, l'ouvrage n'en est pas plus mauvais pour autant ; quand le sol est chaud, il n'y a rien à craindre. Mais si le terrain est froid, quand même il serait fertile, la profondeur de trente-trois centimètres environ serait convenable, parce que la fondation du terrain est toujours de plus en plus fraîche, à mesure que l'on creuse de plus en plus bas. Dans ces derniers terrains, si on les faisait un peu plus bas, il serait très probable qu'ils ne pousseraient pas bien. Dans les forts terrains où la terre ne change pas, ni pour la qualité, ni pour la chaleur, on pourrait les coucher d'un mètre de profondeur, ils réussiraient tout aussi bien. Mais cependant il n'est pas utile de les mettre par trop bas en terre, c'est perdre son temps, à moins que ce soit pour recoucher d'autres ceps sur ceux que l'on a couchés, car, plus bas, ils réussiraient tout de même en ne les creusant que de trente-trois centimètres, au lieu de quatre-vingts, parce que les racines de la vigne croissent bien à fleur de terre. Dans les forts terrains, où les ceps sont un peu gros, on peut faire plusieurs provins ensemble, parce que souvent on ne pourrait pas les coucher dans de petits provins ; mais généralement, plus ils sont petits, mieux ils valent : il faut donc les faire le moins possible ensemble : cela n'avance pas autant que d'en faire des petits, et l'ouvrage est inférieur ; néanmoins, s'il n'y a que deux ceps ensemble, ils sont tout de même bons.

On peut faire les provins pendant six mois de l'année ; mais, pour qu'ils soient bons, il faut que ce soit dans des terrains chauds et légers, ou bien dans des terrains en côte, parce que les provins que l'on ne fait pas dans la bonne saison, dans la plaine, ou dans des terrains froids de la montagne, ne valent rien, et l'ouvrage est mauvais, même dans les terrains les meilleurs. Ceux qu'on fait dans l'hiver poussent beaucoup de bois, mais c'est bien rare si les raisins profitent bien, parce qu'on avance trop la pousse et la fleur de ceux-ci, et si peu qu'on ait endommagé les ceps ou les saillies, ils ne poussent pas bien, ou même pas du tout ; de plus les raisins sont trop tôt en maturité, les insectes les mangent, et ils pourrissent en attendant que les autres mûrissent. Aussitôt le mois de mars arrivé, il fait bon faire des provins, jusqu'après l'épanouissement des boutons. Après même la saison indiquée, si les bourgeons ne sont pas un peu grands, ils sont toujours bons ; mais il est plus difficile de les faire, de les coucher surtout, que dans le temps où les boutons ne commencent encore qu'à gonfler, et ils ne poussent jamais avec autant de force. Aussitôt que les vignes sont bêchées, on peut commencer de faire les provins. Le meilleur moment pour les faire,

6

et de les faire avec plus de succès, c'est quand la sève commence à monter ; dans toute autre époque, ils ne sont jamais aussi bons. Enfin, les meilleurs provins sont toujours ceux que l'on fait en temps et saison.

Généralement, quand la saison des provins est venue, que la terre est sèche, si on néglige de les faire pour planter les pesseaux, c'est un tort ; parce que les provins faits quand la terre est sèche, sont toujours meilleurs que quand elle est mouillée. Quand la surface de la terre se pulvérise, et retombe dans le provin lorsqu'on le couche, ils poussent toujours avec plus de force, et les raisins réussissent mieux que ceux des provins que l'on fait en hiver et lorsque la terre est mouillée. Cependant, pourvu que l'eau ne vienne pas dedans, l'ouvrage n'est pas mauvais, si toutefois on le fait dans la bonne saison. On ne doit pas coucher les saillies dans l'eau ; cela ne vaut rien, surtout dans les terrains froids, et après l'épanouissement des boutons, parce que les petits bourgeons sont sujets à jaunir, et la vigne ne peut pas bien réussir. Même quand la terre est par trop mouillée, on voit les saillies être trop longtemps avant de repousser.

En creusant les provins, on doit faire attention de ne pas couper le pied du cep que l'on veut coucher, et souvent, quand ils sont presque creusés, on trouve des ceps dans le fond des provins ; alors il faut bien se garder de les couper, parce que ce sont les pieds des ceps qui sont à côté ; et s'ils sont de ceux que l'on a arrachés, on peut les lever et les ôter. Même dans les bons blancs, s'ils gênent trop et que ce ne soit pas le pied du cep que l'on couche, on peut les couper, parce que les bons blancs ont beaucoup de racines, et ils peuvent croître sans les anciens ceps. Mais, dans les noiriens et gamets, il ne faut point en ôter, à moins que les ceps que l'on trouve soient morts, ou peu vigoureux. Il faut qu'ils soient creusés bien cârrément, afin qu'on puisse y tourner les ceps et les saillies à volonté. On doit les faire aussi larges dans le bas que dans le haut, les équarrir aux quatre coins, et creuser bien pleinement le fond du provin. Si c'est un terrain pierreux, qu'il n'y ait guère de terre dans le fond, qu'il y ait quelques pierres qui gênent pour creuser les provins dans la forme qu'il faudrait qu'ils soient; pour coucher les ceps pleinement, on peut les arracher, mais il ne faut pas les lever plus bas que la fondation du terrain; ou bien, comme souvent ils ont un peu grossi, si on les arrache dans la fondation du terrain, cela fait un vide où il entrerait beaucoup de terre végétale : plutôt que de combler ce vide avec de la terre seule, on peut y joindre un peu de pierres, afin que cela soit plus frais.

Si c'est un terrain sur le gravier, et qu'il n'y ait non plus guère de terre dans le fonds, si le sol est chaud, on peut creuser les provins un peu dans le gravier et coucher les ceps dedans, et après on retire le gravier sur les ceps pour les couvrir et les tenir de manière à ce que le gravier ne se mêle pas autant avec la terre, parce que ça rendrait le terrain plus difficile à cultiver, et alors les provins seront plus fraîchement, et ils pourront raciner dans le gravier, ils prendront plus de force, et la vigne deviendra plus jolie, plus abondante et plus forte.

Il faut que le cep que l'on couche soit bien dégagé, afin de pouvoir le tirer dans la petite fosse. On prend le cep d'une main et on le tire bien doucement, en ayant soin de couper les racines avec une serpe de l'autre main; cependant on les ménage tant qu'on peut; si on pouvait les coucher, sans couper les racines, l'ouvrage en serait meilleur; mais, la plupart du temps, ils tiennent tellement le cep qu'il faut qu'on coupe les racines, surtout celles de dessus.

On doit faire attention de ne pas casser le cep en le tirant dedans ; il faut que les saillies soient passées par-dessous le cep, que l'on couche avant de le faire joindre contre la terre, afin que l'on ne les retrouve pas en en creusant d'autres, et que l'on ne soit pas gêné quand on voudra les recoucher plus loin.

On doit faire attention aussi de ne pas casser les ceps, ni fouler les saillies ; on les fait plier bien doucement avec la main, en leur faisant faire le rond comme un cercle, pour les placer dans l'endroit où il faut qu'ils soient. S'ils étaient, je suppose, un peu endommagés ou un peu cassés, pourvu que l'écorce tienne bien, et qu'ils soient bien remis dans leurs places, si c'est dans le moment le plus fort de la sève, ils pousseront toujours bien, mais il faut aussi que la saison soit bonne ; car si c'était dans l'hiver, ou même un peu tard, ils ne repousseraient pas bien, ou même pas du tout. Mais quand c'est dans la bonne saison, en prenant des précautions, en remettant bien la fracture, ils peuvent tout de même pousser, et, une fois qu'ils ont des racines, ils croissent également.

Si le cep a de gros nœuds, que cela lui empêche de joindre contre la terre, on peut faire des petits creux pour que le cep se trouve d'aplomb.

Il faut aussi que les saillies soient placées bien d'aplomb contre la terre ferme et rangées dans leurs places, et égalisées de la même distance. Afin d'entretenir les rangées, on ne doit mettre que deux ou trois saillies par cep au plus, même souvent rien qu'une ; si c'est un petit terrain et que la vigne n'ait guère de force, on peut prendre deux ceps pour faire un provin de deux saillies, en ne mettant rien qu'une saillie par cep ; elle poussera avec plus de force, et cela fait un bon effet.

Les plantes étant plantées de chevolées, comme on le fait maintenant, et étant elles-mêmes plantées à une distance régulière dans la tranchée, il est beaucoup plus commode d'entretenir les rangées, qui doivent former le quinconce de tous les côtés, ou du moins à peu près ; ce n'est plus comme autrefois que les plantes étaient plantées de chapons, qu'on était forcé de mettre un peu épais, à cause qu'ils ne repoussaient jamais tous ; car souvent il y avait de grandes places où il n'y avait rien du tout, et dans d'autres, ils avaient tous repris les uns contre les autres, et alors il n'était pas facile d'égaliser les ceps ; de là des vignes mal proportionnées. Voilà ce qu'on doit faire : on place les saillies à la distance qu'elles doivent être sans presque s'occuper des ceps d'alentour. Lors même que les saillies ne se trouveraient qu'à la distance de dix-sept centimètres des vieux ceps, cela n'y ferait rien ; les années suivantes, on les arrache, ou on les taille pour arracher, afin d'avoir davantage de raisins et pour les épuiser ; s'ils sont pourtant trop proches, on doit les détruire, parce qu'ils empêcheraient aux saillies de venir ; ou s'ils ont de la force et qu'ils soient d'un bon grain, on les recouche plus loin.

Enfin, les saillies étant convenablement placées et le cep couché, on doit, avec la main, tirer un peu de terre dessus pour la tenir, en attendant que l'on couvre tout-à-fait le cep, et on appuie bien dessus avec les pieds, pour le tenir contre la terre au fond du provin ; et ensuite, pour le tenir, on doit tirer avec la pioche un peu de la surface de la terre que l'on met dessus, et on le foule bien pour faire dresser les saillies, puis après on égalise les côtés pour les rendre bien carrés. Si le provin n'est pas assez large, on peut les rabattre, surtout s'ils ne sont pas égaux ; si les boutons sont gros, que cela gêne pour les rabattre, il vaut beaucoup mieux faire le provin de la largeur qu'il doit être et tirer de la terre échauffée par-dessus ; l'ouvrage est meilleur, et on doit en mettre suivant la force que pourrait avoir le cep pour se relever, afin de le tenir. On doit mettre environ de douze centimètres d'épaisseur de terre dessus, et encore bien la fouler, pour empêcher au cep de se relever.

On doit placer les saillies de la distance de la terre du bord du provin, de deux centimètres environ ; cependant il vaudrait mieux qu'ils fussent dégagés de la terre, mais ils seraient bien plus sujets à geler, ou bien même on pourrait tout-à-fait les remplir ; on travaillerait beaucoup plus commodément les vignes, parce que les provins gênent beaucoup ; mais généralement cela ne convient pas de les remplir, parce que les insectes coupent plus tôt les saillies dans celles-ci que dans les autres ; si la vigne craint la gelée dans le fonds, les saillies du provin courront plus de risque d'être gelés que celles qui sont à deux centimètres du bord du provin. Quant à toutes ces questions, peu importe qu'on les mette à deux centimètres du bord, qu'on les dégage ou qu'on les remplisse, ceci importe peu. Pourvu que les saillies soient placées dans l'endroit qu'il faut, c'est assez ; ce sont les années qui y contribuent beaucoup. Mais pourtant si la vigne ne craint guère la gelée dans le fonds, ou que la saison des gelées soit passée, du moins le plus grand danger, il vaut toujours mieux dégager, parce que quand les raisins commencent à grossir, ils sont beaucoup mieux, au moins il ne pourrissent pas aussi tôt, à la veille des vendanges. Pour que les saillies se trouvent bien dégagées, et pour courir moins de risque de les faire geler, on peut creuser les provins un peu plus

longs qu'à l'ordinaire, et puis on place les saillies tout-à-
fait dans le bord du provin, toujours à la distance de deux
centimètres, et alors, quand on plante les pesseaux, on les
place de manière que l'on puisse retirer les saillies du bord
du provin en les accolant.

Si l'on veut mettre un peu d'engrais dans les provins en
les couchant, on les couvre légèrement de terre quand ils
sont couchés, puis on met l'engrais par-dessus, et sur l'engrais on remet une autre couche de terre, et on range le
reste du provin comme il a été indiqué. Si l'on fait les
provins dans la bonne saison, cela n'est pas commode
de mettre de l'engrais dans les provins ; cela donne beaucoup d'ouvrage, surtout dans ce moment, parce que
souvent la vigne est épanouie, et, en outre, les brins de
sarment ne sont pas assez grands pour les faire sortir de
la terre, quand on les remplit ou que l'on met de l'engrais
dedans.

Avant que les boutons de la vigne soient gros, on doit
faire sortir les brins de sarment dont on se sert pour faire
les saillies, ils doivent sortir dans la force du bois, c'est-à-
dire le plus que l'on peut, parce que plus le bois est gros,
plus les saillies poussent en raisins ; mais quand la vigne
est épanouie, que l'on voit les bourgeons qui ont le plus de
raisins, on doit faire sortir le plus que l'on peut ceux qui
en ont le plus ; s'il y a des brins de sarment de reste, après
que l'on a placé les saillies, on peut en laisser un par cep
pour faire des chevolées, en cas quelquefois que les saillies
ne poussent pas bien, soit qu'on les ait endommagées en
les couchant, ou en cas que les insectes les coupent dans
le courant de l'année, au moins la chevolée pourra servir
pour remplacer une saillie, et de plus elle amène également des raisins ; puis on l'ôte après. Mais on doit la

placer un peu à côté d'une saillie pour lui mettre un pesseau, parce que la chevolée gâterait la saillie. Pour
faire des chevolées dans les provins, il faut que les ceps que
l'on couche aient beaucoup de force, car les saillies n'en
valent pas mieux ; or, si la vigne est d'un bon grain, on
peut se servir de ces chevolées pour planter, elles pousseront plus en force que des plants racinés.

Après avoir couché les provins de la manière que je viens
d'indiquer, on doit tailler les saillies ; quand elles sont par
trop grandes, on les taille au fur et à mesure que l'on fait
les provins, parce que si on était obligé de repasser à travers des vignes pour tailler ces quelques saillies, il y en a
souvent qui ne ne le seraient pas, parce que souvent il n'y
a qu'un bouton de trop par saillie, et on ne doit pas laisser
plus de trois boutons par saillie, c'est assez pour pousser
des raisins ; même quand le cep n'a pas beaucoup de force
et que les saillies sont petites, on en peut laisser que deux.
Si c'est dans l'hiver, on doit attendre la saison que l'on
taille les vignes pour tailler les saillies.

Enfin voilà le provin fini ; la terre que l'on a sortie de dedans en le creusant, on doit la répandre et bien l'égaliser
autour des ceps qui se trouvent à côté, et on jette
avec la pioche un peu de terre dans le provin, après qu'on
en est dehors, afin que la terre que l'on a foulée ne fende
pas, de façon qu'il se trouve de la terre mouvante par-
dessus la terre foulée.

Il ne faut pas faire tous les provins de suite, à l'exclu-
sion de tout autre ouvrage ; il faut toujours en laisser à
faire, parce que quand il survient des contre-temps, on ne
peut guère faire autre chose que des provins, et tout
autre ouvrage est encore plus mauvais que celui-là,
quoique cependant il ne soit pas aussi bon quand la terre

est sèche ; car on peut presque toujours en faire, et sitôt que le contre-temps est passé, il y fait bien bon. Tous les ouvrages que je viens d'indiquer se font dans le même moment que les provins : voilà pourquoi il en faut conserver, afin de ne pas rester sans rien faire. Il ne faut cependant pas attendre trop longtemps pour les faire. Il ne faut pas, ou très-peu, laisser passer la saison ci-devant indiquée, parce que quand la végétation est avancée, que la terre est mouillée, et qu'il fait mauvais temps, je le répète, l'ouvrage est mauvais.

Il arrive quelquefois que la vigne est grande, que la végétation est avancée, et qu'il ne fait plus bon alors faire des provins, ou que les cultivateurs-vignerons ne peuvent pas les faire à cause de la multiplicité de leurs occupations : il y en a qui les taillent, mais c'est un mauvais ouvrage dont il faut se garder avec grand soin, surtout quand la végétation est grande, parce que les ceps que l'on taille sont des ceps perdus, ils se sont efforcés et ne valent plus rien, ou du moins bien peu de chose ; souvent ce sont aussi des ceps de bon grain que l'on a marqués, et il est bien dommage de les perdre en les taillant ; il vaudrait beaucoup mieux les chevoler pour les coucher l'année suivante, pour qu'ils poussent beaucoup en force ; on doit couper les saillies dans la force du bois, encore on ne doit pas attendre trop tard pour les chevoler.

Non-seulement les provins font du bien à la vigne, parce qu'ils renouvellent les ceps, mais encore la terre que l'on répand autour d'eux fait une espèce d'engrais ; elle rechausse les ceps, ils poussent avec plus de force, et, en même temps, le soleil donne dans le provin et réchauffe la terre. Quant à la quantité de provins qu'un homme peut faire dans une journée, elle varie beaucoup, et dépend des difficultés qu'on éprouve à creuser et à coucher. Il peut en faire depuis soixante saillies jusqu'à deux cents, alors on fait de trente provins jusqu'à cent, de deux saillies dont l'ordinaire est de cinquante-cinq provins environ.

Art. 19.

De la plantation des pesseaux (échalas).

(Cinquième façon.)

Pour tuteurs des ceps de vigne, on se sert généralement de pesseaux. La vigne étant une plante grimpante, les nices des bourgeons, s'attachant à tout ce qu'elles rencontrent, ont besoin de tuteurs qui soutiennent chaque cep. Anciennement on ne mettait presque pas de pesseaux, mais les propriétaires n'y gagnaient pas ; car, sans produire de raisins, les pesseaux portent les ceps, et les raisins, soutenus par leurs tuteurs, réussissent beaucoup mieux. Les ceps de vigne sont trop faibles pour se porter par eux-mêmes, ils leur faut absolument des tuteurs, et les vignes sont beaucoup plus commodes à travailler, et les raisins sont aussi bien plus faciles à cueillir ; on passe mieux à travers les vignes, parce que, sans pesseaux, les bourgeons poussent de tous côtés, surtout quand la végétation est grande ; ils s'étendent partout en largeur, et embarrassent le passage ; et au moins quand il y a des pesseaux, on accole les bourgeons contre les pesseaux, et quand ils sont plus longs que les pesseaux, on les coupe par-dessus, et alors il est bien plus facile de les cultiver et de passer à travers.

La longueur des pesseaux est de un mètre cinquante-huit centimètres environ ; ça n'est pas utile de les laisser plus grands, parce que les vents ont trop de force contre eux quand ils sont trop grands, et peu importe leur longueur ou leur force, pourvu que la vigne soit portée : ils ne font que gêner quand ils sont par trop grands, et on les casse quand on sort les récoltes des vignes.

Dans les noiriens rouges, il faut près de cinq cents pesseaux par ouvrée, dans une plante où il n'y a pas encore eu de provins ; alors quand elle sera doublée, il en faudra mille.

Dans tous les autres plants, il en faut quatre cents dans une jeune plante pour pouvoir en mettre contre les jeunes ceps ; alors on devra en mettre le double pour la bien pesseler quand elle sera garnie. Mais ce nombre n'est qu'approximatif et suivant comme elle est plantée épaisse, et chaque année, quand on les plante, il en faut au moins cinquante par ouvrée pour les entretenir, c'est-à-dire une javelle, parce les pesseaux s'usent ; il y en a qui deviennent trop courts à force d'être aiguisés, d'autres se cassent, il faut les remplacer. Mais dans les premières années que l'on a mis des pesseaux neufs dans les vignes, il n'en faut pas autant par ouvrée ; il n'en faut presque point, si l'on a arraché des ceps sans les remplacer, il arrive que l'on en a quelques-uns de reste ; mais si c'est une vigne où l'on a négligé pendant plusieurs années d'y mettre des pesseaux, ou bien si l'on en a mis de trop mauvais, si l'on veut remonter cette vigne, la pesseler convenablement, il en faudra plus de cinquante, mais suivant le temps que l'on a négligé de la pesseler. En général, une javelle peut suffire.

La vraie manière pour piquer les pesseaux est celle que j'ai indiquée dans l'article précédent. Il faut que la terre soit un peu sèche, afin de ne pas autant la fouler. Quand elle est mouillée, on peut faire des provins, et attendre qu'elle soit un peu sèche pour continuer. Quand elle est mouillée, on la foule tellement que l'on ne peut presque plus la cultiver pour les autres labours : voilà pourquoi il faut choisir le temps le plus convenable.

Dans les bons vins, où il faut que les ceps soient liés, il convient de les planter le plus tôt possible. On ne doit pas attendre, pour ce travail, que les boutons de la vigne soient avancés, parce que l'on en fait trop tomber ; on peut commencer à le faire sitôt que les vignes sont bêchées ; on ne saurait le faire avant, car ce serait gênant pour bêcher.

Enfin, il s'agit donc premièrement d'épancher les pesseaux neufs devant, afin qu'ils se trouvent mêlés avec les vieux, et on répand les bordes également, et on choisit les plus grands pour les mettre contre les tailles qui semblent devoir pousser le plus en force, afin qu'ils puissent porter tous les bourgeons du cep.

Dans les bons vins, où les ceps sont grands, les pesseaux, avant d'être plantés, doivent être présentés, afin qu'on essaie si le cep peut se lier contre lui. On doit faire lier les ceps depuis la première année pour qu'ils prennent le pli pour s'étendre ; il faut faire attention de ne pas faire lier les ceps trop haut. Ainsi, la mesure des ceps étant prise, on plante le pesseau en terre, en un temps et un mouvement. Pour que le pesseau tienne solidement, il faut qu'il soit de quatorze centimètres environ dans la terre ; il arrive quelquefois qu'il entrerait plus bas, soit dans les provins de l'année précédente, soit dans une terre que l'on aurait remuée tout fraîchement. Il faut, dans ces endroits, le retenir ou le replanter à côté, pour qu'il ne soit pas autant en terre ; car, pourvu qu'il tienne bien, peu importe qu'il soit piqué si bas·

Quelquefois il y en a qui ne tiendraient même pas autant que d'autres plantés comme on doit les planter ; cela serait trop bas, car quand les |vignes sont accolées aux pesseaux, que les orages ont de la prise contre les ceps, si les pesseaux ne s'arrachent pas ou s'ils ne sont pas assez forts pour résister au vent, celui-ci les casse ; pour les aiguiser il faut beaucoup les racourcir, et c'est une perte. On a beau bien planter les pesseaux, ils retombent presque toujours quand la terre est mouillée, et qu'il survient de l'orage ; mais cependant ceux qui sont bien plantés et qui sont forts, ne retombent pas aussitôt que les faibles, qui ont été mal plantés.

Dans les vignes fines, quand il y a plusieurs tailles par ceps, on doit mettre un pesseau contre chaque taille ; et, comme les ceps sont longs, on peut les proportionner autant que possible. Souvent il y a des ceps qui tombent sur les jeunesses ; alors on doit les détourner, afin que la végétation des forts ne tombe pas sur les faibles, qu'elle pourrait beaucoup endommager. Dans les bons vins où les ceps sont longs, depuis la taille jusqu'au moment de la plantation des pesseaux, il y en a quelques-uns qui sont susceptibles de périr. S'il n'y en a pas une grande quantité de morts, on peut les arracher en partie et couper les autres à rase terre, afin que ce soit plus propre. En cela on ne diminue point le rapport, parce que ces ceps qui ont souffert de la gelée ne produisent toujours point de vin ; même ceux qui ne poussent point en raisins et qui n'ont pas assez de bois pour en produire l'année suivante peuvent être détruits également ; cela fait du bien aux autres ceps.

Il n'en est pas de même dans les gamets ; on n'a pas besoin de faire étendre les ceps pour les lier, ils montent tout droits et sont un peu écartés. Quand les tailles sont trop éloignées les unes des autres, on met aussi deux pes-

seaux par cep, mais c'est fort rare. On plante les pesseaux
à la portée des deux tailles de chaque cep, et on les plante
le plus droit que possible, et toujours du côté qu'il faut,
afin que l'ouvrage soit plus propre, et que l'on passe mieux
dans la vigne. Dans les gamets, les tailles sont très-proche
du pied : alors on doit planter les pesseaux près du pied
autant que possible, afin que l'on puisse cultiver tout-à-fait
autour du pied du cep, parce que s'il y avait une petite distance entre le cep et le pesseau, on ne pourrait pas le cultiver, d'autant plus que l'outil ne pourrait pas passer entre
les deux.

Dans les gamets il n'est pas utile de planter les pesseaux
aussitôt que dans les bons vins : on fait le plus pressant le
premier ; quand même la végétation aurait quatre à cinq
centimètres de long, cela serait aussi bon que quand elle ne
fait que commencer à pousser. Autrefois on ne plantait les
pesseaux dans les gamets que quand la vigne avait son second labour ; on attendait jusqu'à la veille de les accoler ;
cela n'était pas commode, on avançait pas autant, on abi-
mait les bourgeons, et même quelquefois on plantait les
pesseaux à côté du pied des ceps. On avance beaucoup
plus en les plantant de bonne heure, que de le faire quand
la végétation est avancée, et on passe bien mieux dedans.
Enfin, le plus tôt que l'on peut les piquer est le meilleur.
En outre, quand ils sont piqués de bonne heure, s'il survient des gelées, les pesseaux peuvent garantir quelques
boutons ; même s'il tombait de la grêle, ils pourraient en
garantir également, et quand les pesseaux sont piqués dans
une vigne à temps et à saison, ils la tiennent bien à l'abri,
et la vigne est toujours plus verte qu'une autre où les pesseaux ne sont pas plantés, parce que le soleil donne contre
les pesseaux, et que ses rayons se reflètent sur les ceps, ce
qui fait qu'il y a un peu plus de chaleur.

Il y a des cultivateurs-vignerons, qui, une fois qu'ils ont commencé de planter leurs pesseaux, en épanchent beaucoup d'avance, et s'il vient de la pluie, qu'il ne fasse pas bon les planter, ils restent quelquefois un peu de temps sur la terre, et à peine profitent-ils du temps sec pour les planter ; s'il survient de nouvelles pluies, ils restent sur la terre plus de temps qu'on ne le voudrait, et ils pourrissent.

Il faut éviter cela avec le plus grand soin, il ne faut jamais en épancher plus que l'on ne saurait en planter, c'est-à-dire, selon les besoins du moment.

Un homme peut planter les pesseaux de quatre ouvrées de vigne par jour, dans les bons vins, et plus d'une ouvrée en sus dans les gamets ; mais ceci dépend de la difficulté que l'on a en les plantant, c'est approximatif.

ART. 20.

De lier les vignes.

(*Sixième façon.*)

La ligature de la vigne peut se faire sitôt que les pesseaux sont plantés, mais il faut continuer et ne pas attendre que la végétation soit avancée, parce que cela ferait un mauvais effet. Le plus tôt que l'on peut le faire est le meilleur. Quand les petits bourgeons ont plus de cinq centimètres, il est trop tard pour lier les ceps, il n'y fait pas aussi bon, il s'en manque de beaucoup, ça n'est pas aussi commode, et on fait beaucoup plus de mal. Pour bien lier les ceps, il faut qu'ils soient attachés contre les pesseaux, à la hauteur de douze centimètres de la terre. Pour lier les ceps aux pesseaux on se sert de chanvre, c'est ce qu'il y a de meilleur. Il y en a qui se servent de glu, c'est-à-dire de paille faite exprès ; mais cela n'est pas fort, un seul brin de chanvre tient mieux que deux de glu : même avec un seul petit brin de chanvre on peut lier plusieurs ceps ; mais pourtant s'il était trop petit, on pourrait en mettre deux. Quand on en a lié un, on coupe le chanvre proche du cep et on lie l'autre avec le reste. On doit attacher le cep par le bout, près de la taille. Quand ils sont grands on les attache contre le vieux bois, mais toujours le plus proche possible de la taille.

Dans les bons vins, si on n'étendait pas les ceps sur la terre, ils s'élèveraient trop haut, et les raisins ne réussiraient pas bien ; les ceps finiraient par passer par dessus les pesseaux. Il faut que les bons vins soient traités de cette manière, si l'on veut en retirer un bon profit. On pourrait les traiter comme les gamets, mais cela ne ferait pas le même effet : il faut qu'ils soient traités ainsi, parce que, je l'ai déjà dit, c'est toujours le premier brin de sarment qui pousse le plus en raisins, c'est pour cela qu'il est nécessaire d'étendre les ceps. Le long de la terre, ils ne craignent pas autant la gelée, et les raisins passent aussi plus vite de fleurs ; quand surviennent plus tard les fraîcheurs d'été, ils craignent aussi moins le froid, et quelquefois, quand le froid survient, ils sont plus avancés que ceux qui sont un peu haut, parce que le soleil échauffe la terre et renvoie sa chaleur contre les raisins : voilà pourquoi ils passent plus vite de fleurs.

Souvent les raisins qui sont sous la feuille ne voient presque pas le soleil ; ce n'est que la chaleur de la terre qui les fait avancer, cela fait un bon effet ; alors en passant

rapidement de fleurs, aussitôt que les graines de raisins
sont formées, de suite on les voit grossir, et quand ils sont
comme des gros grains de fonte, ils ne craignent plus la
fraîcheur. Voilà pourquoi on réussit toujours en bien trai-
tant les vignes, et même ils mûrissent mieux ; les grumes
deviennent plus grosses et les raisins sont mieux faits que
ceux des ceps élevés. La vigne étant proche de la terre, cela
fait le même effet qu'une treille contre un mur.

Dans les forts terrains, où l'on laisse des brins de
sarment de vingt centimètres de long afin d'arrêter la force
du cep et d'avoir beaucoup de raisins, on doit les courber,
et les attacher aux pesseaux, afin qu'ils ne se trouvent pas
trop éloignés de la terre. Si l'on laisse des brins de sarment
de toute leur longueur comme des chevôlées, il faut les lier,
afin que les raisins ne se trouvent pas trop hauts, ou bien
les étendre à terre ; car, que les raisins soient tant près de la
terre que l'on voudra, pourvu qu'ils ne la touchent pas, c'est
suffisant. On ne doit laisser exister ces brins de sarment que
dans les forts terrains ; quand même la vigne serait très-
vigoureuse, si le terrain ne ressemble à ces terrains iné-
puisables, on ne doit point en laisser exister, car la vigne
serait bientôt épuisée.

ART. 21.

De chevoler les provins.

Quand il est trop tard pour faire des provins, ou que cela
convient mieux aux ceps de les chevoler dans de certains
terrains, les provins, un an avant de les faire, peuvent être

7

chevolés ; mais il ne faut pas attendre si longtemps pour les chevoler, à moins qu'ils ne soient dans des terrains qui craignent la gelée, parce que les ceps s'efforcent, et ils ne valent pas mieux l'année après ; ils ne produisent point ou du moins peu de fruits et guère de bois. Dans les terrains qui ne craignent guère ou pas la gelée, aussitôt que le temps est beau, que les boutons de la vigne sont gros comme des pois, c'est le moment de les chevoler, si on veut qu'ils poussent beaucoup en force, et que les raisins profitent bien. Même si la vigne était épanouie, tant que les bourgeons n'ont pas trois centimètres de long cela est bon, mais plus tard ça lui fait tort.

Dans les terrains qui craignent le froid, il faut attendre que les plus grands dangers de gelée soient passés, parce que, souvent après qu'il a gelé, on n'a que les provins et les chevolées de reste ; car quand les bourgeons sont éloignés de la terre, ils ne gèlent pas ou fort rarement : plus ils sont près, plus ils gèlent ; ainsi, par cette raison, il faut attendre un peu, pour tâcher de les avoir de reste ; car, s'ils réussissent bien, ils peuvent donner seuls beaucoup de revenus. C'est une chose bien singulière de voir les bourgeons qui sont proche de la terre geler les premiers, avant ceux qui sont un peu élevés, et de les y voir pourtant réussir beaucoup mieux.

Pour bien chevoler les provins, il ne faut pas qu'ils soient bien bas ; on doit les chevoler à fleur de terre, seulement un peu plus bas que la terre cultivée, de douze centimètres environ, pourvu qu'on puisse les arrêter afin qu'ils ne se relèvent pas, et pour qu'on puisse cultiver par dessus sans les couper ; c'est assez. Les provins chevolés, étant à fleur de terre, poussent plus en force et plus en fruits, et les raisins profitent aussi beaucoup plus, que d'être par le trop bas, et s'ils étaient trop bas, on ne pourrait pas les relever l'année suivante.

On doit faire une petite rigole, avec la pioche, pour chevoler les ceps, afin de les coucher dedans, et placer les chevolées les unes contre les autres, c'est-à-dire à neuf centimètres de distance, afin qu'elles ne se gênent pas, et qu'on ne mette qu'un seul pesseau pour deux chevolées.

Si l'on en met trois ou quatre par cep, on les éloigne un peu plus, afin de les réparer et de mettre d'autres pesseaux. Il faut les détourner le plus possible des autres ceps, afin qu'elles ne se gênent pas, et on doit les faire dans l'endroit marqué pour le provin, et les tailler aussitôt : il ne faut pas laisser plus de trois boutons par chevolée, afin qu'ils aient plus de forée pour les coucher l'année après.

Il est très-important de ne pas laisser venir trop grands les bourgeons des provins, avant de les faire ou de chevoler : quand ils sont trop grands, que la végétation a plus de dix centimètres de long, ils se sont efforcés, ils ne poussent plus guère avec force, et le fruit ne profite pas aussi bien. Pour qu'ils s'efforcent moins, il faudrait ôter tous les bourgeons qui sont contre le cep, et les brins de sarment, et ne laisser que ceux que l'on doit laisser pour que toute la force se porte dans le haut.

Quand la force du cep se porte dans le haut, ils sont trop fluets pour pouvoir porter les bourgeons ; ils se courbent et sont susceptibles de se casser ou de se fouler, et les vents les battent les uns contre les autres, ou contre les pessaux, s'ils sont plantés, et cela abîme ceux-ci ; ils deviennent tout noirs, et ne sont plus guère bons pour servir en saillie. Pour les garantir des vents, on doit les accoler, soit contre les pesseaux, soit les uns contre les autres, s'il y a moyen, afin qu'ils ne s'abîment pas autant. Si l'on ne fait pas cela il y en a plus de la moitié qui ne sont plus bons, soit qu'ils soient foulés ou cassés par les vents.

C'est dans les premiers jours de mai qu'on doit chevoler, ou avant si la pousse des provins est grande, surtout dans les terrains qui ne craignent guère la gelée; si l'on veut que les provins qu'on désire chevoler aient de la taille l'année d'après, et poussent beaucoup en force, on peut les chevoler avant que la sève commence à monter afin que les boutons ne soient pas gonflés; car une fois qu'ils sont épanouis, s'ils viennent à geler, on peut relever les chevolées et faire sortir deux ou trois boutons: on coupe la partie gelée pour qu'elle ne pousse plus de nouveau, et l'autre partie sortie de terre poussera aussi bien que la première, parce qu'ils n'étaient pas assez avancés quand on les a chevolés.

Quand on chevole les provins après l'épanouissement des boutons, si on les laisse plus de quarante-huit heures en terre, les boutons qui sont en terre pourrissent, et on aurait beau les relever, ils ne pousseraient pas mieux que ceux qui ont été gelés.

De chevoler les provins, cela ne convient pas dans tous les terrains: dans tous les petits terrains chauds, ils ne conviennent guère; l'année suivante ils ne repoussent pas autant en raisins, et cela ne fait pas un bon effet. Ce n'est pas comme dans les forts terrains: ils y réussissent parfaitement, quoique cependant ils réussiraient tout de même, si on les faisait sans les chevoler. Mais partout dans les terrains où on s'aperçoit qu'ils réussissent mieux, on peut les chevoler.

On ne doit pas les laisser plus d'un an, ils seraient trop gros et deviendraient trop racineux; de plus, quand on les lèverait on leur ferait trop de tort: ils ne repousseraient pas aussi bien. Ainsi, par cette raison, on doit les lever à l'expiration de l'année pour les recoucher ; mais leur levée demande beaucoup de précaution : on doit découvrir la terre bien doucement, couper les racines qui pourraient gêner, et les émonder comme les provins, puis les recouvrir de terre, et c'est en déchaussant qu'on doit faire cet ouvrage. Les provins qui sont chevolés doivent être faits absolument avant que la vigne ne soit épanouie.

ART. 22.

De faire des chevolées.

Pour bien faire les chevolées, on doit faire une petite rigole à fleur de terre, du côté où il y a le plus de place, afin que la chevolée réussisse mieux et que le raisin devienne plus gros et en bonne maturité.

On doit la faire plier du cep en la faisant courber avec la main, pour la mettre dans la terre, et faire attention de ne rien casser ni fouler, parce qu'on ne chevole pas les ceps ; quelquefois elle est un peu haute contre les ceps : après l'avoir fait plier, on doit alors mettre le pied dessus, en attendant qu'on la recouvre de terre, et on la laisse sortir de trois à quatre boutons que l'on ne recouvre pas ; on la redresse, et on y met un pesseau tout comme à un cep.

Dans les forts terrains où le fonds est inépuisable, on peut le laisser hors de terre et ne le pas chevoler pour avoir davantage de fruits, mais on ne les laisse pas aussi grands que ceux qu'on chevole ; quoique on ne les mette pas en terre, on doit la coucher le long, comme je l'ai expliqué dans l'article précédent. On la couche à la hauteur de dix-sept centimètres. La saison pour faire des chevolées est la même que pour faire des provins. Plus tôt on les chevole, plus ils poussent avec force, mais ils efforceraient davantage le cep.

Il ne faut faire des chevolées que dans les gros terrains où l'on ne peut pas arrêter la force de la vigne ; outre les tailles ordinaires, on laisse des brins de sarment en proportion de la force de la vigne, pour arrêter la force du cep, et c'est le vrai moyen de l'arrêter, afin qu'elle ne se porte pas dans le bois, et qu'on ait davantage de fruits, parce que souvent, dans ces forts terrains, la vigne a tant de force qu'elle est sujette à ne pousser guère en raisins, ou bien des raisins tout-à-fait millerands. C'est le vrai genre de traiter les vignes qui sont par trop vigoureuses ; mais si le terrain est léger, délicat, que la vigne ait beaucoup de force, il ne faut pas laisser des chevolées, lors même qu'elle serait jeune et vigoureuse, parce que cela ne dure que qulques années, et la vigne serait bientôt abbatue : cela ne convient pas partout. On a vu des vignes de bon grain, très-vigoureuses, plantées dans des terrains délicats, traitées dans ce genre, avoir été bientôt arrêtées : il n'y en a pas eu pour longtemps ; il a fallu les traiter comme les autres vignes qui étaient plantées dans de petits terrains. Même il a fallu très-longtemps pour les ramener à la force des autres.

Il arrive quelquefois, quand le terrain a été bien préparé et bien reposé, que les jeunes plantes poussent beaucoup en force : ce n'est pas une raison pour les épuiser, de les tailler grandes, de les chevoler, etc.

Quand le terrain est léger et que la vigne a beaucoup de force, on doit toujours les entretenir régulièrement, sans les faire efforcer, parce qu'elles s'en sentiraient très-long-temps.

Art. 23.

De chevoler les vignes pour arracher.

Après avoir taillé une vigne pour être arrachée une année ou deux, on peut encore la laisser de nouveau pour la chevoler, afin d'avoir davantage de fruits. Si cependant on est pressé de l'arracher, soit que la vigne n'ait plus de force pour produire du fruit, on peut l'arracher pour faire reposer le fonds, sans la chevoler une nouvelle fois, et on peut la laisser pour la chevoler sans l'avoir taillée pour l'arracher. Quand on veut laisser une vigne pour la chevoler, on doit émonder tous les principaux brins de sarment qui peuvent produirent des raisins, afin de les mettre en terre pour qu'ils croissent; si on ne le faisait pas, le cep n'aurait pas lui-même la force d'alimenter tous les brins qu'on a laissés. Il y a des ceps qui ont des raisins en quantité: afin qu'ils deviennent plus gros, en doit en retrancher et n'en laisser que deux, trois ou quatre, suivant la force des ceps. Ce genre de chevoler convient beaucoup mieux dans les grands ceps que dans les gamets; là ils réussissent à merveille. Pour les gamets on les arrache sans les chevoler.

Enfin, pour chevoler une vigne, il faut faire une petite rigole sous les ceps, pour les tirer dedans et placer les chevolées deux à deux, le plus qu'on peut, afin qu'un pesseau puisse servir pour les deux. Une seule réussirait mieux que deux l'une contre l'autre, mais il faudrait trop de pesseaux, et ils gêneraient pour cultiver la vigne. Il est préférable de n'en faire qu'une. On doit les placer en rangée le plus possible, à neuf centimètres de distance environ, les recouvrir de terre, et les tailler aussitôt. Placées en rangées, il est plus commode de passer à travers pour les cultiver.

Après avoir placé les chevolées, ainsi qu'il a été dit, on doit bien fouler la terre qui les recouvre et les redresser un peu.

Le vrai moment pour avoir beaucoup de fruits dans les vignes que l'on chevole, est un peu après l'épanouissement des boutons, afin de connaître les meilleurs bourgeons pour les conserver ; mais il ne faut pourtant pas attendre que la végétation soit trop avancée, ce serait comme pour les provins, les ceps auraient pris leur essor, ils se seraient efforcés, et les raisins ne profiteraient pas comme ils auraient dû profiter, si les bourgeons n'avaient eu que trois ou quatre centimètres.

ART. 24.

Du refument (2ᵉ labour).

(Septième façon).

Le mot *refument* vient du mot refaire, qui veut dire faire la vigne pour la deuxième fois.

Le refument se fait du douze mai au cinq juin.

Le douze mai, la vigne peut avoir vingt centimètres de long et quelquefois avant la fin du refument on peut l'accoler.

Pour refuer, on se sert de la meigle, du fessou, etc ; mais

principalement du fessou, suivant que terrain est difficile à cultiver. Si le terrain est pierreux, on se sert de la meigle, parce qu'elle passe mieux dans les pierres, et elle fonce plus bas ; mais il ne faut pas qu'il y ait trop d'herbes, parce que la meigle les coupe difficilement ; du reste il n'est pas utile pour refuer de foncer aussi bas que pour bêcher, à moins que le terrain ne soit très-fort. Avec le fessou, on ne fonce pas aussi bas qu'avec la meigle et ça n'est pas si commode à refaire les vignes pour le labour suivant.

Le refument est la façon la plus indispensable, la plus utile que l'on puisse donner à la vigne. On lui fait tort en la retardant seulement de huit jours, il faut que ce labour soit donné à temps et à saison ; c'est dans ce moment que les herbes commencent à croître, alors il est utile de cultiver la vigne dans ce moment pour détruire les herbes, et il faut que ce labour, comme les autres, soit donné à temps, si l'on veut que la terre fasse son effet.

Quand la terre est mouillée, il ne fait guère bon refuer, il faut attendre qu'elle soit un peu sèche ; parce qu'on n'avancerait pas, cela serait susceptible de la faire jaunir, et, si le temps était au froid, de la faire geler. Si le temps menace de geler, on doit bien se garder de travailler, soit qu'il tombe un peu de neige ou de la mauvaise pluie froide : quand même la terre serait sèche, ce labour la rafraîchit comme de la petite pluie, et il arrive encore assez souvent qu'on fait geler la vigne en la cultivant par un temps frais, tandis que les voisines n'ont pas de mal ; quelquefois même elle les fait geler un peu le long. Quand il gèle un peu fort, que toutes les vignes en souffrent, celles qu'on a cultivées la veille sont trois fois plus endommagées, et on ne peu pas s'imaginer comme la culture rafraîchit le terrain et fait geler la vigne. Voilà pourquoi il ne faut pas cultiver les vignes quand il est survenu des fraîcheurs, ni de cette façon ni de tout autre qui remue la terre.

Enfin, pour refuer, il faut tenir toute la terre suivant qu'on avance, couper toutes les herbes et égaliser la terre en la cultivant, travailler les raies, afin de détruire les herbes, et bien ranger la terre sur le bord de la raie, pour qu'on ne reconnaisse point les coups de fessou ; on doit cultiver aussi dans les provins, même tirer un peu de terre dedans en dégageant les saillies ; s'il n'y a guère de terre dans le fonds, que l'on ne veuille pas mettre d'engrais dedans, on peut tout-à-fait les remplir. Il ne faut donc laisser aucun endroit inculte, parce que la terre se fendrait et altérerait la vigne. Ce labour se fait en travers ; on tient les rangées les unes après les autres ; mais quand la vigne n'est pas à rangée, on cultive également en travers, et on continue de même. On doit faire attention, dans ce moment, de faire suivre l'ouvrage, parce que les façons se succèdent bien proche l'une de l'autre ; quelquefois la vigne n'a pas reçu son deuxième labour, qu'elle est prête à être accolée.

Quel ouvrage, pour refuer, quand la vigne est trop grande ! Elle embarrasse, on ne peut plus la traverser, on ne peut pas cultiver la terre sous les ceps, et l'ouvrage n'avance pas autant. Quelquefois il faut l'accoler avant de la refuer, et, au lieu d'un ouvrage, on en a deux à faire ; les herbes croissent toujours et deviennent de plus en plus grandes et plus épaisses : cela donne davantage d'ouvrage pour la cultiver ; de plus, les herbes attirent toute la fraîcheur de la terre et altèrent tout ce qui les entourent. Quand il y a tant d'herbes qui croissent, elles s'emparent de la fertilité de la vigne et la font jaunir.

C'est une grande nécessité de cultiver à temps et à saison ; l'ouvrage est meilleur et on avance beaucoup plus ; quand même il n'y a pas d'herbes, il faut le faire, afin d'échauffer la terre et de la fertiliser.

Après le refument, on doit faire attention si la terre est bien tenue et les herbes bien coupées, afin que la terre soit plus mouvante, que les herbes ne repoussent pas autant.

Un homme, dans sa journée, peut en refuer deux ouvrées et les bien tenir, mais il ne faut pas qu'elles soient par trop remplies d'herbes, car alors il en ferait moins.

ART. 25.

D'accoler.

(Huitième façon.)

L'accolement se fait du quinze au vingt juin. A cette époque la vigne peut avoir un mètre de long ; et si elle a l'air de ne vouloir plus guère pousser, on commence à l'accoler.

Pour accoler on se sert de paille de seigle, de blé, qu'on appelle glu, ou quelquefois de jonc, mais plus généralement de paille, car elle vaut beaucoup mieux que le jonc ; car le jonc s'étend après qu'on a accolé, et les bourgeons ne sont plus serrés contre les pesseaux, et, si peu qu'il survienne de l'orage, le vent les désaccole.

Il faut toujours commencer par accoler, les premières, les vignes dont la végétation est la plus avancée, principalement les plantes, parce que souvent les plantes ne poussent que deux ou trois bourgeons, et, si on tarde de les accoler, il peut survenir du vent qui les élague, ce qui ôte beaucoup de raisins ; de plus la taille se trouve abîmée, et, l'année suivante, on ne peut point faire de provins avec ces ceps qui ont été élagués. Mais quand il est trop tôt pour accoler (ce qui arrive quelquefois), et qu'on voit que les jeunes vignes peuvent encore pousser, il ne faut les accoler que dans un seul endroit de la première fois, et quelque temps après, quand elles ont un peu grandi, on recommence de nouveau, afin que les orages n'aient point de prise sur elles. Car les orages perdent les vignes, et principalement celles qui ont le plus de force, et qui n'ont pas été accolées d'une fois.

Pour les vieilles vignes, une fois qu'elles ont commencé à se couronner *(aiguiller)*, quand même elles seraient courtes, il faut toujours tâcher de les accoler, parce que lorsque les vignes ne sont pas accolées et que la saison d'accoler est avancée, elles jaunissent, le vent les bat contre les pesseaux, et, endommagées par cela, elles n'amendent pas aussi bien ; mais une fois qu'elles sont accolées, elles reprennent de la force à vue d'œil. Cependant il ne faut pas accoler trop tôt, parce que la force du cep se porterait dans les bourgeons et les raisins ne viendraient pas aussi gros ; mais il ne faut pas non plus attendre trop tard, parce que la feuille de la vigne serait trop longtemps à se retourner, et cela ferait un mauvais effet : les nices des bourgeons s'attachent contre les pesseaux et les bourgeons, et l'accolement ne va pas aussi vite. En outre, j'ai remarqué plusieurs fois que, après avoir accolé un peu tard, la feuille était trop longtemps à se retourner, et que la partie des bourgeons exposée au soleil, était tout-à-fait brûlée, ainsi que les raisins : cela ne leur fait point de bien ; voilà ce qui prouve que l'accolement doit se faire à temps et à saison, pour avoir davantage de fruits et de bois et pour avoir la facilité de recoucher des provins l'année suivante.

L'accolement demande et mérite, à juste titre, beaucoup de précautions : en ce moment les raisins sont en pleine fleur, et quelquefois quand il survient des fraîcheurs ou des pluies froides, on ne doit pas accoler, parce qu'il est très-mauvais de renfermer dans les feuilles cette rosée froide qui l'humecte. Mais les rosées froides du matin ne doivent influer en rien, à moins qu'elles ne le soient par trop. Ainsi, quand il fait frais, qu'il tombe de mauvais garots, on ne doit pas accoler, parce que l'accolement met trop les raisins à l'air.

Voilà donc les bourgeons de la vigne étendus sur la terre à droite et à gauche ; il faut les relever. Dans les bons vins, suivant que l'on accole, on doit ébourgeonner, c'est-à-dire émonder les petits bourgeons qui sont le long du cep, car contre les grands ceps, il pousse de petits bourgeons qui ôtent la force de ceux qui sont contre les tailles, parce que, dans les bons vins, les ceps n'ont pas assez de force pour conserver les bourgeons qui sont le long du cep ; cela serait non-seulement joli, mais gênerait beaucoup pour travailler. Cependant, il faut conserver ceux qui ont des raisins.

Dans les gamets, il n'est pas utile d'ébourgeonner, cela abîmerait les tailles. On accole, contre les autres bourgeons, les petits bourgeons qui ne sont pas assez grands pour être attachés contre le pesseau ; on relève ensuite les plus grands contre les pesseaux, mais seulement ceux du même cep qu'on doit mettre contre le même pesseau. Cependant, quand il y a plusieurs pesseaux contre le même cep, on accole les bourgeons de la même taille contre le même pesseau ; on prend deux ou trois brins de glu, suivant comme il y a de bourgeons, on passe la première accolade au-dessus des raisins, et on fait attention de ne pas les accoler au milieu, parce que ces raisins sont à peu près perdus, ni de ne pas les serrer entre les bourgeons. Quelquefois, quand les raisins sont un peu hauts, on peut passer la première accolade entre les raisins, et faire des accolades autant qu'il est convenable, c'est-à-dire trois environ, suivant la grandeur des bourgeons. On doit aussi faire attention que l'accolade n'enveloppe pas les feuilles, parce qu'elles contribuent à la prospérité du fruit.

Généralement, l'accolement est l'ouvrage des femmes, et, dans sa journée, une femme peut en faire deux ouvrées environ, suivant comme la vigne est forte et épaisse.

Dans le courant de l'année, il survient des orages qui jettent à bas les pesseaux ; on doit les relever et les replanter dans le moment où ils entrent le mieux.

Art. 26.

De retiercer (3e labour) (bener).

(Neuvième façon.)

Le retiercement se fait du vingt juin au dix juillet. Dans ce moment, les raisins grossissent habilement, et ils ne sont pas aussitôt dehors de fleurs que les graines sont bientôt comme des pois. Ils commencent à pendre et ne craignent plus les fraîcheurs d'été.

Il y a des cultivateurs-vignerons qui, après avoir retardé

le deuxième labour, négligent le troisième ou bien ne le font pas du tout. Cette façon, quoique moins urgente que les deux premiers labours, n'en est pas moins d'une grande nécessité. Les herbes ont repoussé depuis le deuxième labour, et c'est dans ce moment qu'elles commencent à grainer, et si on ne cultive pas les vignes, afin de les détruire, elles altèrent tellement la terre que l'on voit les vignes jaunir : les raisins ne profitent pas aussi bien, et les vendanges ne sont jamais si abondantes.

Les racines de ces herbes qui croissent dans la vigne, altèrent tellement celle-ci, qu'elles font sécher la terre beaucoup plus vite ; de plus ces racines ne se nourrissent pas de terre, mais bien des fraîcheurs, des douces rosées qui alimentent toutes les plantes, et ces herbes qui poussent si épaisses produisent une chaleur brûlante qui étouffe tous les bons fruits, et devient ensuite si forte, que l'on ne saurait s'en faire une idée : alors la vigne dans laquelle croît tant de l'herbe, au lieu de jouir de la température d'une vigne bien cultivée, est en proie à cette chaleur étouffante qui altère le fonds, en dedans et en dehors, et s'empare de tout le suc de la terre.

On ne saurait se figurer l'effet que produit la culture ; elle contribue à la température, soit en chaud, soit en froid. Quand même il n'y aurait pas d'herbes dans une vigne, il faut toujours qu'elle soit cultivée autant pour la rafraîchir que pour la fertiliser. Quand elle est bien cultivée, les pluies font bien plus d'effet ; elles mouillent plus bas, et la terre conserve plus longtemps sa fraîcheur, elle se referme, et il se forme par-dessus une croûte qui fait qu'elle craint moins la chaleur, et les racines des herbes n'altèrent point sa fraîcheur.

J'ai remarqué aussi que dans une vigne bien cultivée, les

raisins harsissent moins que dans une autre où la culture àurait fait défaut, et y profitent davantage. Quand on ne donne pas à la vigne son troisième labour, elle ne s'en sent pas une année seulement, mais même deux ou trois àns après. Ensuite la terre n'est pas aussi commode à cultiver les années qui suivent : elle est plus ferme et n'est pas aussi coulante ; les mauvaises herbes y croissent davantage , et ne servent qu'à rendre sa culture plus mauvaise et plus rude.

Dans ce moment, qu'il fasse tant chaud qu'il voudra, il fait toujours bon cultiver la terre dans les vignes, pourvu que la saison ne soit pas passée ; car après la saison indiquée, il y fait moins bon que dans ce moment, et plus il fait chaud, mieux la vigne s'en porte. On la voit, derrière les cultivateurs-vignerons, verdir et prendre un teint lustré ; ce labour lui vaut autant qu'une bonne pluie, et on perd de tous les côtés quand on le néglige.

Il arrive quelquefois dans ce moment que la terre est bien sèche, et qu'on ne peut presque pas la cultiver ; ici, comme pour le refument, il y fait meilleur que quand la terre est mouillée. Il y a des vignerons qui prétextent ce cas pour ne pas retiercer ; mais ils ont grandement tort : car, si peu que la terre soit grattée, l'ouvrage est aussi bon que si on l'avait cultivée bas, pourvu toutefois que les herbes soient coupées ; en effet, quand, après ce travail, il arrive de la pluie, la terre devient comme de la chaux, et l'on dirait qu'elle a été retiercée bien bas. Si l'année n'est pas bien chaude, après la saison indiquée, il fait bon travailler dans les vignes ; si, au contraire, l'année était chaleureuse, il ne ferait plus bon travailler dans les vignes, parce que, une fois la saison passée, l'ouvrage n'a plus la propriété qu'il doit avoir, et, je l'ai déjà dit plus d'une fois, il faut que l'ouvrage soit fait à temps et à saison.

Enfin, tous les cas étant prévus pour cette façon, il faut donc donner à la terre son troisième labour. Comme cet ouvrage est à peu près le même que le deuxième labour, on cultive de même, par rangée, ayant soin de bien tenir la terre ; et, comme les raisins commencent à pendre quelquefois jusqu'à terre, il faut les dégager pour qu'ils ne portent pas dessus et ne soient pas susceptibles de pourrir. Il faut vider la terre de dessous ceux mêmes qui pendent trop bas, lors même qu'ils ne la touchent pas, et avoir soin de les dégager ; parce qu'en amendant, le poids des raisins qui va toujours croissant, les fait descendre toujours de plus en plus.

Le retiercement a encore pour objet de couper les herbes qui sont dans les raies en raclant la terre dedans, de travailler la terre dans les provins, de dégager les raisins des herbes et de la terre.

Dans les vignes qui ont beaucoup de raisins, il y a quelquefois de petits bourgeons qui ont plusieurs raisins, et qui ne sont pas accolés ; alors il faut, en travaillant de cette façon, attacher ces petits bourgeons à d'autres plus gros et plus forts, afin que les raisins ne touchent pas la terre ; parce que, si l'on attendait la saison de relever pour les accoler, souvent ils se casseraient ; on peut les mettre sur les bourgeons. Pour ce labour, comme pour le refument, on doit également ébourgeonner.

Un homme, dans sa journée, en cultive à peu près autant que dans le second labour ; seulement, quand les vignes ont été refuées un peu tard, on avance un peu plus en retierçant.

8

ART. 27.

De rogner les vignes.

(Dixième façon),

On rogne la vigne aussitôt que les raisins sont passés de fleurs, c'est-à-dire du vingt juin au dix juillet.

Pendant l'accolement, les vignes qui ont beaucoup de force amendent fort vite, et quelquefois les bourgeons passent par-dessus les pesseaux ; alors il faut nécessairement les couper, parce que toute la force des ceps se porterait dans les bourgeons, et les raisins ne grossiraient pas autant ; de plus, si l'on ne rognait pas ces bourgeons qui dépassent quelquefois les pesseaux de soixante centimètres, les orages auraient trop de prise, ils renverseraient les pesseaux et les ceps, et toute la vigne serait à terre ; les raisins, portant alors sur la terre, s'égrumeraient et les pesseaux s'useraient ; ceux qui ne porteraient pas sur la terre ne seraient pas bien non plus, soit qu'ils seraient trop exposés au soleil ou trop à l'ombre. Il faut comprendre que tant de bourgeons, si hauts contre les pesseaux, ne peuvent pas résister aux vents et aux orages qui les agitent presque continuellement. Il faut donc les couper et ne pas laisser passer la saison que je viens d'indiquer sans le faire, parce que les raisins qui ont toujours été à l'ombre depuis qu'ils ont commencé à grossir, seraient sujets à brûler s'ils voyaient le soleil plus vivement qu'à l'ordinaire ; ils ne pourraient résister à la chaleur à laquelle ils ne seraient pas habitués, et quand on rogne une vigne à temps et à saison, les raisins s'habituent peu à peu à la chaleur du soleil : voilà pourquoi il faut rogner la vigne à l'époque convenable.

Quand on a rogné une vigne qui a beaucoup de force, elle repousse encore ; dans ce cas, il faut recommencer.

L'action de rogner consiste à retrancher les extrémités de tous les bourgeons qui dépassent les pesseaux, à les couper de niveau avec les grands pesseaux. Comme ils ne sont pas tous égaux, il ne faut pas rogner sur les petits, il faut le faire un peu plus haut que le niveau des petits ; on doit rogner au niveau des grands, à cause des provins ; car il y a des pesseaux qui n'ont guère plus d'un mètre de long, et si les ceps étaient marqués pour provins, le bois, l'année suivante, serait trop court pour pouvoir être couché ; il arrive encore souvent que les ceps de bon grain n'ont pas beaucoup de force, et, par conséquent, on ne leur met pas de grands pesseaux. Voilà pourquoi il ne faut pas rogner suivant la grandeur des pesseaux de chaque cep. Quant aux saillies des provins, on peut les couper au-dessus des petits pesseaux, afin de donner de l'air aux raisins qui sont plus à l'ombre que ceux des autres ceps. On ne prend pas les saillies de l'année pour faire des provins l'année suivante, ou du moins fort rarement.

Les vignes ayant reçu le troisième labour, et étant rognées, il ne reste enfin plus rien à faire dans les vignes pour le moment ; la saison, du reste, ne le permet plus ; car la chaleur, à cette époque, est si forte qu'il n'y fait guère bon ; on ferait plus du mal que du bien dans les vignes, à moins qu'on n'y aille relever les pesseaux que le vent aurait renversés, encore faut-il que la terre ait été mouillée pour qu'on puisse les faire entrer. Si elle n'était pas mouillée, il faudrait bien se garder de les relever : il faudrait attendre que les raisins se soient raffinés, c'est-à-dire qu'on les voie varier pour les relever.

Depuis le dix juillet, jusqu'à ce que les raisins commencent à mûrir, comme on n'a rien ou bien peu de chose à faire dans les vignes, on peut transporter de la terre, creuser des raies basses et vider les fossés, pour assainir les vignes où le terrain est aquatique ; parce que la vigne ne se plaît pas dans les terrains humides, et que cette humidité rend la terre bien rude à travailler dans la saison qu'on la cultive ; et de plus, quand la chaleur arrive, la terre se durcit trop ; elle se fend et s'altère beaucoup ; ensuite, elle devient de plus en plus dure, au point qu'on ne peut pas la cultiver, ou bien si on le peut, elle se lève par mottes, et l'ouvrage est tout-à-fait mauvais ; car, pour les autres labours, on ne peut presque plus remuer ces mottes. Le véritable moment pour assainir les terres humides est quand les eaux se sont retirées.

C'est aussi le bon moment pour transporter la terre que l'on a à transporter, car elle est sèche et bien moins lourde que si elle était humide, elle s'échauffe aussi davantage ; cela la fertilise, et produit un meilleur résultat que de la transporter en hiver ; on peut la déposer en tas en attendant la saison de la mettre dans les vignes.

On ne peut pas choisir non plus un meilleur moment pour creuser les raies basses.

ART. 28.

De relever les vignes.

(Onzième façon.)

Aussitôt que les raisins commencent à se raffiner, on recommence à travailler dans les vignes, c'est-à-dire aussitôt que l'on voit la grume velle. L'action de relever se fait depuis le dix août jusqu'aux vendanges, ainsi que les autres ouvrages convenables à la vigne.

L'action de relever les vignes consiste à repiquer les pesseaux que les vents ont couchés à terre, ou penchés de divers côtés, afin de pouvoir circuler librement et pouvoir réaccoler les ceps désaccolés, ou ceux qui ont poussé depuis l'accolement. On rogne encore une fois et on accole les petits bourgeons trop courts pour avoir pu être accolés dans la saison fixée pour cela ; on dégage les raisins qui sont trop proche de la terre pour leur empêcher de pourrir.

Il est très-urgent de relever les vignes, parce que les bourgeons, en grossissant, s'écartent de tous côtés et gênent beaucoup pour passer. De plus, à l'époque des vendanges, ceux qui les font sont embarrassés dans leur circulation et perdent beaucoup de temps en se dépétrant ; les raisins euxmêmes sont plus sujets à pourrir, parce qu'ils ne reçoivent pas le soleil, et par conséquent ne mûrissent pas bien ; tandis que, au contraire, les raisins étant bien mûrs, le vin est susceptible d'être plus rouge. Il y a donc avantage à faire cet ouvrage et perte à le négliger.

Il n'est pas utile de relever avant la saison indiquée, parce que le soleil brûlerait les raisins, si on les relevait avant qu'ils ne s'affinent ; mais une fois la grume velle, ils ne craignent plus la chaleur, et, loin de les brûler, elle ne fait que les mûrir. On ne saurait s'imaginer quel tort cela fait quand les raisins brûlent ; on perd une grande partie de la récolte. Quand ils ont été longtemps à l'ombre et qu'on les expose ensuite au soleil, ils craignent beaucoup plus la chaleur, et on les voit brûler tout comme si l'on passait du feu pardessus, ils sèchent et toutes les grumes qui se sont trouvées trop exposées au soleil sont endommagées ; quelquefois il y a la moitié du raisin qui est perdu, et l'autre qui n'a point de mal ; mais la portion qui reste n'en profite pas plus pour cela, parce que dans ce moment les raisins sont presque à leur grosseur : voilà pourquoi il ne faut pas relever trop tôt. Il n'y a pas de danger que les raisins pourrissent avant ce temps, à moins que les insectes ne les coupent, et tant qu'ils ne sont pas mûrs, il ne faut rien craindre de ce côté. J'en ai vu dans la terre et qui ne pourrissaient pas, parce qu'ils étaient verts, et qui se conservaient aussi bien que s'ils avaient été élevés. Cependant ils ne brûlent pas tous les ans, mais tous les ans il y en a quelques-uns sujets de l'être un peu. Ce sont les années froides que les raisins brûlent le plus : habitués qu'ils sont à la fraîcheur, la moindre journée de soleil les cuit, parce qu'ils ne sont point faits au chaud, et ils sont toujours plus abîmés que dans les années chaudes.

Quant aux raisins blancs, ils ne craignent pas cela, jamais ils ne brûlent ; mais en revanche, ils pourrissent davantage que les rouges, surtout quand la vigne a beaucoup de feuilles. Pour les garantir un peu de ce fléau, il faut qu'ils soient très-bien relevés. Ce fléau est plus à craindre que l'autre ; car une vigne pourrie fournit moins de vin qu'une vigne brûlée. Il faut donner toute son attention à une vigne de blancs qui a beaucoup de force ; il faut la relever de bonne heure, et couper les petits bourgeons qui ne servent à rien, afin que les autres aient moins d'ombre et qu'il y ait plus d'air pour leur empêcher de pourrir.

ART. 29.

De desherber.

(Douxième façon.)

L'ouvrage de désherber se fait un peu avant les vendanges, afin de débarrasser les vignes.

Deux mois environ après que les vignes ont été labourées, les herbes sont revenues, alors il faut les arracher bien proprement, afin que, quand il arrive des pluies, la rosée ne reste pas si longtemps, et que celle du matin soit plus tôt tombée ; car les raisins, étant toujours dans l'humidité, pourrissent plus facilement, et sont plus longs à mûrir. Il faut donc que les herbes soient arrachées bien proprement, mais il ne faut pas attendre qu'elles soient grenées pour les enlever, parce que les grains tombent sur la terre, et croissent plus épais l'année suivante, ce qui donne plus d'ouvrage pour les détruire. En arrachant les herbes, on cultive pour ainsi dire un peu la terre, et on la rafraîchit en lui ôtant cette chaleur étouffante qui altère sa fraîcheur ; les herbes empêchent aux raisins de venir dans leur grosseur naturelle, en même temps elles gênent beaucoup pour passer à travers, surtout quand il y a de la rosée ; ensuite, pendant tout l'hiver, les vignes remplies d'herbes sont dégoûtantes à voir : voilà pourquoi il est nécessaire de désherber les vignes.

ART. 30.

De retiercer pour la deuxième fois (4e labour).

(*Treizième façon.*)

Pour que le quatrième labour soit bon, il faut qu'il soit donné dans le mois d'août ou dans le mois de septembre, un peu avant les vendanges, parce qu'il fait beaucoup de bien aux raisins ; ils deviennent plus gros, et les grumes amendent aussi. Dans le mois de septembre, il survient aussi des fraîcheurs ; les matinées sont déjà fraîches, il commence à geler un peu, et si l'on travaille la terre la veille de ces matinées là, on la rafraîchit, ainsi que le font les autres façons, et comme ils commencent à mûrir, ce quatrième labour les fait geler un peu ; on les voit rougir aussitôt, et dès-lors ils n'amendent presque plus et ne mûrissent jamais aussi bien, quand une fois ils sont atteints par le froid, mais cela arrive bien rarement ; il faut toujours y faire attention.

Cette façon est absolument la même que celle des autres labours, mais elle n'est pas de nécessité comme les autres, la vigne s'en passe facilement ; mais elle est utile surtout dans les vignes que l'on fume, parce qu'elles produisent davantage d'herbes, et c'est le vrai moment de les détruire ; elles périssent bien, et les grains qui s'ensemencent poussent la veille de l'hiver et alors, quand elles sont jeunes, elles ne peuvent résister au froid ; la vigne elle-même est toujours propre, et l'année suivante la terre est plus commode à cultiver et produit bien moins d'herbes, parce que ce labour les détruit totalement.

La terre s'en ressent même pendant plusieurs années, et c'est le vrai moyen de détruire les herbes dans une vigne qui est en toppe ; car la saison est très-favorable pour détruire quelques herbes que ce soit. C'est assez de cultiver une vigne quatre fois tous les quatre ou cinq ans ; du reste, c'est suivant comme il y a de l'herbe dans le fonds ; s'il n'y en a guère, la vigne peut s'en passer ou rester quelque temps sans recevoir le quatrième labour. Cependant on ne perdrait pas son temps en lui donnant tous les ans un quatrième labour, parce que la terre s'améliore toujours de plus en plus.

On doit bien tenir la terre et dégager les raisins qui en sont trop proche. C'est dans ce moment qu'ils pourrissent le plus tôt : il faut aussi bien couper toutes les herbes, et les bien racler dans les raies, afin qu'elles ne restent pas en toppes, parce que bien souvent il y a des raies qui ressemblent à des prés, tant il y a d'herbes. Alors, à force de culture, on finit par détruire toutes les mauvaises herbes qui sont dedans, et si quatre labours ne suffisent pas pour les ôter des raies, il faut en recommencer un cinquième, mais pour les raies seulement, afin de les faire disparaître totalement. Il faut bien du temps pour détruire les mauvaises herbes des raies, parce qu'elles sont presque toujours humides, et jamais, durant l'année, elles ne sont bien cultivées, à cause de leur trop grande humidité : mais cela n'arrive que dans les terrains humides.

ART. 31.

De marquer et de râper les vignes.

(Quatorzième façon.)

On ne doit marquer les vignes que dans la dernière quinzaine qui précède les vendanges, et même jusqu'aux vendanges.

Dans ce moment, il est bien plus facile de reconnaître les raisins blancs des noirs, parce qu'ils sont à peu près mûrs ou du moins rouges et bien variés. On marque dans ce moment principalement pour bien distinguer le bon grain du mauvais et le noirien roux du gamet, le noirien blanc du petit blanc ; car souvent, si l'on en jugeait sur la grandeur des ceps, on s'y tromperait ; ou bien, pour le reconnaître il faudrait être cultivateur-vigneron, parce que tous les noiriens ne sont pas étendus ; il y en a qui sont absolument traités comme le gamet, surtout dans les passes tout grains, où le noirien est indifféremment mêlé au ga-

met. Cependant il y a un moyen de les reconnaître : les raisins des noiriens sont plus petits, plus ronds et moins
allongés que ceux des gamets; leurs grumes aussi sont plus
petites mais très-serrées, et la pellicule de la grume beaucoup plus épaisse. Mais quand on hésite devant un cep, que
l'on ne sait si c'est du noirien ou du gamet, on n'a qu'à
prendre une grume de raisin et la mettre dans sa bouche ;
aussitôt on sent la pellicule épaisse, beaucoup de pépins,
et un goût meilleur que si l'on mangeait du gamet.

Le gamet amène plus de raisins et a des grumes plus
grosses que le noirien ; ce sont des fruits cabrés et allongés ;
ce sont de grosses grumes, fines et reluisantes, et on voit
facilement les pépins au travers de la pellicule, qui est très-
claire et très-mince. Mettez-les dans votre bouche, vous ne
trouvez pas la pellicule aussi dure que celle des noiriens.
les feuilles des deux plants sont aussi faciles à reconnaître :
dans le noirien, elles sont plus écaillées que dans le gamet,
et pas tout-à-fait aussi larges.

Dans les blancs, les raisins sont à peu près les mêmes, à
proportion, que dans les rouges ; les raisins des bons blancs
sont encore plus petits, et leurs grumes sont moins grosses
que celles des petits blancs ; mais les grumes de bons blancs
diffèrent de celles du noirien rouge : la pellicule est très-
claire, et on ne sent guère ou presque point de pépins ; de
plus, le goût des noiriens blancs est sucré et excellent à
manger, et les grumes sont plus éloignées les unes des
autres que celles des autres raisins, c'est-à-dire moins
serrées.

On connaît trois plants différents de petits blancs : le
plant gris, le melon et le gamet blanc ; et ces trois plants
sont assez difficiles à distinguer les uns des autres. Le plant
gris cependant se reconnaît assez facilement du melon : il

a des raisins qui jaunissent tout comme de l'or quand il est en côte, et des feuilles bien larges et bien écaillées ; le plant gris craint beaucoup les fraîcheurs d'automne. Le melon a des raisins tout-à-fait serrés, des grumes excessivement dures, dont la pellicule est épaisse et mauvaise à manger ; les raisins s'entretiennent toujours verts, et les feuilles sont larges, fermes et peu écaillées. Le gamet blanc change un peu, il ne ressemble pas tout-à-fait aux deux autres plants ; ses raisins sont longs et portent plusieurs branches ; ils ressemblent, par leur constitution, aux gamets noirs, mais les grumes ne sont pas tout-à-fait si grosses, si doucereuses à manger, et ils pourrissent presque tous avant les vendanges, s'ils sont plantés dans un fonds un peu chaud ; car ils mûrissent de bonne heure, et ils ne peuvent attendre la vendange sans se perdre.

Enfin, pour marquer les vignes, il s'agit d'en connaître le plant, de savoir distinguer le bon du mauvais, afin de savoir ceux qui ne vaudraient rien dans le fonds ; car il vaut mieux avoir une place libre dans une vigne que d'avoir un cep ou deux de mauvais grains ; de plus, ces ceps-là gâtent les autres plants par leur épanouissement et leur accroissement, qui sont beaucoup plus vigoureux que ceux des ceps de bon grain. Du reste, les ceps de mauvais grain ne rapportent rien ou peu, et n'oublions pas le vieux proverbe emprunté à l'Evangile : « Tout arbre stérile doit être coupé et jeté au feu. » Faisons de même pour la vigne et nous nous en trouverons bien.

Pour distinguer les ceps de bon grain des mauvais, il n'y a rien de si commode ; on voit dans ceux de bon grain des raisins très-bien faits et se comporter à merveille ; on voit des grumes parvenues à leur grosseur ordinaire ; de plus les ceps de bon grain ont bien rarement beaucoup de bois, car les raisins arrêtent toute la force du cep.

Dans ceux de mauvais grain, au contraire, on ne peut pas arrêter la force du bois ; mais les raisins sont tous petits et tous ronds, parce que toute la force du cep se porte dans le bois, on dirait qu'ils ont hoquet, tandis qu'il n'en est rien ; cette petitesse lui vient du plant qui ne vaut rien. Souvent les grumes des raisins ne sont pas plus grosses que des têtes d'épingle ; alors il est bien facile de voir que de tels raisins ne peuvent pas profiter à cause de leurs petitesse ; donc, puis qu'ils ne profitent pas, il faut les remplacer par d'autres qui profiteront davantage ; par conséquent, au lieu de marquer ces ceps on les râpe pour les détruire.

Cependant il y a de bons plants qui restent des années sans produire des raisins ou très-peu ; mais on reconnaît toujours qu'ils sont de bon grain à la feuille, qui est ronde et moins verte que celle d'un de mauvais grain ; le teint est moins coloré.

Il faut faire bien attention de ne les pas couper, parce qu'ils ne sont pas mauvais. J'ai vu plusieurs fois, après avoir coupé de ces plants et les avoir taillés pour arracher l'année suivante pousser tant de raisins, et de si bien faits, que je les ai remarqués pour en faire des provins.

Ces ceps de bon grain restent des années entières en chômage, surtout les noiriens ; ils se reposent pendant plusieurs années, pour pousser ensuite davantage en raisins, c'est-à-dire une année ou deux au plus.

Enfin, l'ouvrage de marquer les vignes et de les râper, se fait tout dans le même moment. Quand on voit une place libre ou occupée par un cep de mauvais grain, on marque le cep de bon grain qui en est le plus rapproché, afin de garnir. On choisit pour cela celui qui est le meilleur et qui a le plus de force, et s'il y en a plusieurs que l'on puisse

marquer, on le fait toujours afin de pouvoir choisir en taillant ou en déchaussant celui qui a la plus belle apparence.
Quand on trouve un cep de mauvais grain on le râpe, et on
en marque un à côté pour le remplacer, s'il y en a toutefois ; car pour la taille on reconnaît bien facilement aussi
les ceps de bon ou de mauvais grain. Pour râper un cep,
on coupe seulement au-dessus du raisin deux bourgeons,
et ceux qui taillent connaissent tout de suite qu'un cep
coupé ainsi doit être arraché.

C'est le vrai genre de traiter les vignes si l'on veut faire
quelque chose de bon ; car il y a réellement des vignes qui
ne valent pas leur culture, parce qu'elles sont remplies de
mauvais plants, et qu'elles ne produisent pas ou fort peu,
ou bien si elles rapportent cela arrive bien rarement. On a
beau dire : Les ceps de vigne ne sont pas des chênes ; il y a
tant de différence, que celles de bon grain profitent plus
d'une fois de plus que les autres, sans plus de culture.

Pour marquer la vigne, on se sert de paille, de chanvre, etc., que l'on coupe de la longueur de dix-sept
centimètres environ ; on la passe autour d'un brin de cep
ou contre le cep qui a été reconnu de bon grain, on la met
dans le bas du cep, auprès des raisins ou un peu à côté,
afin qu'on la voie mieux pour le déchaussement ; on la serre
assez pour qu'elle ne puisse pas s'ôter, parce qu'en remuant les ceps pour la vendange on pourrait la faire tomber,
surtout en dépesselant, et alors on ne reconnaîtrait plus le
véritable cep et l'ouvrage qu'on aurait fait serait mauvais.

ART. 32.

De visiter la vigne pour vendanger.

Quelques jours avant l'ouverture des vendanges, on

visite les vignes afin de voir l'état des raisins, comment la maturité avance, s'ils ne pourrissent pas, afin que les experts puissent fixer le jour des vendanges.

Il faut que les raisins soient bien mûrs quand on les rentre ; du reste, c'est suivant l'année. Quand la maturité arrive de bonne heure, il faut retarder les vendanges ; quand elle arrive tard, il faut l'avancer ; c'est ce que d'ailleurs dit le vieux proverbe des cultivateurs-vignerons : « Vendange tôt, vendange tard ; vendange tard, vendange tôt » ; parce que, quand les raisins sont mûrs de bonne heure, on retarde autant que l'on peut pour les couper ; car ils ne se font que du bien, ils ne craignent pas la gelée. Quand, au contraire, les années sont tardives, même lorsque les raisins ne seraient pas bien mûrs, il faut toujours vendanger ; car il vaut mieux les couper un peu tôt, que d'attendre un peu tard, parce que dans ces années tardives ils se font plus du mal que du bien ; ils sont sujets à pourrir, et souvent il vient des pluies qui les lavent et leur ôtent beaucoup de leur qualité et de leur couleur ; quand même ils ne sont pas bien mûrs, ils se font dans la cuve. Dans les mauvaises années, on aurait beau attendre, le vin n'en serait pas meilleur pour cela, ou bien il faudrait que le temps fût bien favorable. Les années tardives on a beau faire ainsi, si les raisins n'ont pas pris bon verjus, le vin n'a jamais de qualité ; il faut que le temps se fasse dans les mois d'août et de septembre, pour que le vin soit bon.

J'ai remarqué, pendant plusieurs années que la vendange se faisait à temps et à saison, que les raisins n'étaient pas bien mûrs, mais qu'on était forcé de faire deux vendanges à cause de l'abondance de la récolte, parce que l'on manquait de cuves ; j'ai remarqué, dis-je, pendant ces années que le vin de la seconde vendange était meilleur et un peu plus rouge que celui de la première ; mais cette supériorité de qualité ne durait pas longtemps. Environ deux mois après la confection des vins, j'ai confronté les deux vins, je n'y ai plus trouvé de différence ; car le vin se fait dans la cuve et dans les tonneaux, et le premier vendangé n'avait pas plus de verdure que le dernier. Du reste, il vaudrait mieux que le vin ait un goût de verdure qu'un goût de pourri, car le goût de verdure se passe et celui de pourri se conserve ; le dernier vendangé ne vaut souvent pas celui qui est un peu vert, et il est certaines années que la verdure est l'âme du vin ; il s'éclaircit mieux et supporte mieux la voiture quand on veut le transporter, et il est moins sujet à rompre ; quand le vin rompt, c'est la lie qui se mêle et trouble le vin pendant le courant de l'année. Les années que le vin rompt, on a beau le soutirer clair, il se trouble toujours un peu ; ceci toutefois dépend des terrains. Dans les terrains où les raisins mûrissent de bonne heure, où le sol est chaud et fertile, on fait plus du mal que du bien de les vendanger tard, parce que le vin est doux ; alors, pour le soutenir, il faut le mélanger avec de l'autre où la verdure domine ; ou bien, pour qu'il ne se perde pas, il faut qu'il soit consommé dans le courant de l'année, parce qu'il n'a point de corps et il ne peut se soutenir longtemps.

Il n'en est pas ainsi dans les terrains un peu froids, où les raisins ne pourrissent jamais, ni ne sont jamais trop mûrs ; on peut attendre un peu plus tard pour vendanger, parce qu'ils ne craignent pas ou bien peu la pluie, et il est utile de les laisser bien mûrir, parce que le vin n'est bon à boire qu'au bout de six à sept mois, même un an, quand les années sont précoces : ce sont les meilleures années pour les raisins qui sont dans ces terrains ; elles ne sont cependant point mauvaises pour les autres ; mais ce sont surtout ces terrains qui s'en sentent le plus. Il faut que les raisins figuent pour produire beaucoup d'effet; mais combien rarement voit-on figuer les raisins? On ne les voit guère figuer que tous les huit ou neuf ans. Ainsi on fait plus souvent du mauvais vin que du bon; enfin, on ne fait du bon vin que tous les quatre à cinq ans. Donc, voilà ce qu'il faut comprendre : les années que les raisins sont mûrs de bonne heure, il faut attendre plus tard pour vendanger, et les années qu'ils mûrissent plus tard, il faut avancer; donc retarder les précoces et avancer les tardives. Mais cela fait peu de différence; toutefois il faut toujours vendanger plus tôt les années précoces que les années tardives, et cela varie quelquefois d'une extrémité à l'autre, d'une quinzaine, même un peu plus.

Les raisins blancs ne sont jamais trop mûrs; on peut attendre un peu plus longtemps pour les vendanger que pour les rouges; il est vrai qu'ils craignent le pourri même plus que les rouges, mais il ne leur fait point de mal, pourvu qu'ils ne le soient pas par trop; au contraire cela bonifie le vin. Il faut que la pellicule du blanc tombe en vin quand on foule la grume, pour faire du bon vin et en faire davantage. Cependant ou ne les vendange guère plus tard que les rouges; les pluies ne leur font pas tant de mal qu'aux rouges. On peut les vendanger aussitôt qu'ils commencent à jaunir.

Art. 33.

Des vendanges.

(*Quinzième façon.*)

On vendange les vignes aussitôt que les raisins sont mûrs; ordinairement, c'est du vingt septembre au dix octobre que se fait cette récolte.

.La visite des vignes étant faite, et le jour de l'ouverture des vendanges étant fixé, on·se prépare, on arrose les cuves au moins dix ou douze jours d'avance, afin de les abreuver pour qu'elles ne perdent point de vin.

Pour abreuver les cuves, il faut entrer dedans et jeter de l'eau tout autour pour faire resserrer les jointures, parce qu'au bout d'un an, quand il n'y a rien eu dedans, si l'on ne les arrosait pas, on perdrait beaucoup de vin. On doit donc y passer de l'eau plusieurs fois. Il n'est pas utile d'en mettre beaucoup la première fois parce qu'elle se perdrait, et elle ne servirait pas plus que si l'on en avait peu mis. La première fois, on bassine seulement pour mouiller tout le tour et le fond. Il faut environ deux sapines d'eau par cuve, suivant sa grosseur, et bien l'arroser tout autour et au fond. On recommence le lendemain ou le surlendemain, suivant comme elles sont hâlées. Si toute l'eau s'est perdue, il faut en rejeter d'autre pour la rafraîchir et l'arroser de nouveau ; on continue de la sorte jusqu'à ce que l'eau reste toute dans la cuve, alors on n'a plus besoin d'en jeter de la nouvelle ; on peut s'en servir tant qu'elle ne sent pas mauvais. Quand elle n'est plus propre, il faut la changer et en mettre d'autre plus fraîche, puis la bassiner, toujours sans rester plus de vingt-quatre heures sans le faire. Quand elle est bien bassinée, il faut faire tremper le fond, afin de l'abreuver aussi, et, la veille qu'on doit y mettre les raisins, il faut la laver encore et retirer toute l'eau de dedans. Les cuves étant ainsi préparées, on n'a plus qu'à y mettre les raisins.

Les vendanges sont commencées. Or, pour vendanger, on se sert d'instruments dont on a l'habitude de se servir dans les localités. Pour transporter les raisins dans les magasins, il faut les mettre dans des ballonges, dans des cuviers, ou

9

même dans des tonneaux, et bien les fouler ; car plus on les foule, pour les amener dans le magasin, moins on a de l'ouvrage et de la peine en foulant les cuves ; on les jette de suite dans les cuves, sitôt qu'ils sont arrivés dans les magasins. Pour que le vin soit bon, il faut que les raisins soient coupés par un beau temps, qu'il ne tombe point d'eau, ni qu'il n'y ait point de rosée froide les matins, parce qu'elle rafraîchit les raisins quand ils sont dans la cuve. Il y en a qui croient que la rosée qui humecte le raisin le fait viner. Ils se trompent beaucoup : le vin jette une partie de l'eau, soit quand il est en cuve, soit quand il est dans les tonneaux ; le reste dépose et se mêle à la lie. Néanmoins, si la rosée n'est pas froide, elle ne fait rien au vin ; pourvu que les raisins ne soient pas lavés par la pluie, elle ne lui fait ni bien ni mal. Cependant, dans une année qui aurait été chaleureuse et que les raisins auraient été et seraient encore échauffés, une petite rosée ne leur ferait que du bien ; elle les rafraîchirait un peu, et cela les adoucirait.

Pour bien vendanger, il faut vendanger bien proprement, bien ramasser les grumes, ne pas prendre les raisins qui seraient par trop pourris, ni ceux qui seraient trop verts, après quoi on les conduit dans les magasins pour les mettre dans les cuves.

La cuve, une fois commencée, il faut continuer de la remplir le plus promptement possible, suivant la qualité du vin, parce que le bon vin ne reste guère de temps dans les cuves ; mais les vins ordinaires, pourvu qu'on ne reste pas trop longtemps pour remplir les cuves, n'en ressentent pas de mal. Il ne faut pas mettre plus de vingt-quatre heures pour remplir une cuve de bon vin, tandis qu'on peut en mettre quarante-huit et même plus dans une cuve de gamet. Cependant le plus promptement qu'on peut les remplir est le meilleur.

Aussitôt qu'une cuve est pleine, ou qu'on n'a plus rien à
y mettre, on doit égaliser et bien fouler les raisins, de
peur qu'ils né s'échauffent. Il ne faut pas trop remplir les
cuves, parce qu'en fermentant, le vin fait gonfler les raisins,
et il se perdrait au dehors des cuves, si elles étaient trop
pleines.

Soit que l'année soit froide, ou que les raisins proviennent d'un mauvais climat, quand l'on a mis dans les cuves ce
que l'on avait à y mettre pour obtenir une fermentation
prompte, on peut mettre de l'eau-de-vie ou de l'esprit de
vin sur les raisins, sitôt que les cuves sont pleines, afin de
les réchauffer et pour les mettre en mouvement ; on doit en
mettre un litre par pièce de vin environ, c'est suivant
comme l'année est froide et suivant de quel endroit les raisins sortent ; mais si l'année est chaude et que les raisins
proviennent d'un bon climat, il est inutile d'en mettre.

Quand les cuves sont pleines, il faut leur donner toute
l'attention convenable. Au bout d'un ou deux jours, on doit
les fouler à fond ; on entre dedans tout nu, pour bien presser
les grumes avec les pieds et les mains, faire aller les grumes
et les grappes jusqu'à fond, et recommencer toujours, parce
que le gêne tend toujours à remonter, parce que le vin,
étant plus lourd que lui, reste au fond. Alors, si on ne le
refoulait pas, le vin aigrirait ou prendrait un goût d'é-
chauffé. On ne doit jamais rester plus de quarante-huit
heures sans faire tremper le gêne qui est au-dessus ; il ne
faut même pas attendre si longtemps, si le gêne s'échauffe,
parce que le vin aurait bientôt pris un mauvais goût. Ainsi,
tant que le vin est en fermentation, il faut une grande sur-
veillance ; il faut qu'une cuve soit foulée au moins deux ou
trois fois à fond; les autres fois on fait seulement tremper le
gêne avec les pieds tant qu'il remonte ; mais quand une fois

il ne remonte plus, il n'y a plus de danger que le vin se fasse du mal ; mais cependant on doit toujours y veiller, et les fouler moins souvent. Néanmoins, il y en a qui, une fois que leurs cuves sont finies, ne les foulent pas, prétendant que leurs raisins ne se font pas de mal et ne courent aucun danger : il ne faut pas s'y fier.

Si le vin est de bonne qualité, qu'il sorte d'un bon climat et que l'année soit chaude, il ne doit pas rester plus de quatre à cinq jours en cuve, après qu'elle a été remplie. Quand les raisins des noiriens sont bien mûrs, ils sont tout de suite cuvés ; mais il faut bien les soigner et les fouler précipitamment pour les avancer. Quand les vins sont inférieurs et que les années sont ordinaires, le vin reste plus de temps en cuve : plus le raisin est mûr, plutôt il est cuvé ; plus il est bon, moins il reste longtemps ; plus, au contraire, il est ordinaire, plus la cuve lui fait du bien. Le vin peut rester en cuve, depuis quatre à cinq jours, jusqu'à un mois ; quand ils y restent plus longtemps, les raisins verts se mûrissent, et cela ne leur ôte point leur qualité. Cependant, si le vin est au-dessus de l'ordinaire, il ne faut pas qu'il y reste longtemps, parce qu'il deviendrait trop dur et perdrait de sa qualité. S'il était tout-à-fait inférieur, on pourrait l'y laisser un mois sans que cela lui fût nuisible. Quand une fois le gène trempe bien, le vin se conserve et perd sa verdure en cuvant, et finit par la suite à se refroidir et ne plus fermenter ; pour ce que l'on appelle du vin ordinaire, comme on en fait journellement, il faut douze jours environ pour que la fermentation se fasse.

Quand le vin est resté assez longtemps en cuve, qu'il est prêt à tirer, il faut préparer les fûts, dont on a eu soin de se précautionner d'avance ; on passe de l'eau dedans au moins un jour ou deux d'avance, afin de les rafraîchir et de voir s'ils coulent ou non ; si les tonneaux sont neufs, on les échaude, pour préparer le bois. Il faut aussi que les pressoirs soient prêts.

Enfin, tout étant prêt, on déguste le vin pour voir s'il est assez cuvé. Or, pour qu'il le soit assez, il faut qu'il ne reste plus aucun goût de raisin, qu'il n'ait plus cette douceur de sucre qu'a le raisin ; mais il ne faut pas qu'il soit par trop cuvé, parce que le vin n'est pas si tôt en état d'être bu ; il faut donc que le vin cuve à proportion de sa qualité.

En foulant les raisins, soit dans la ballonge, pour les amener dans les magasins, soit dans les cuves, ils font du jus, et, quand une cuve est bien foulée, ce jus remplit à lui seul plus des trois quarts des tonneaux que contient la cuve. Or, ce jus est ce qu'on appelle le surmoût, et il est toujours meilleur, quant au goût et à la couleur, que celui qui vient par le pressurage. Il faut donc tirer ce vin à part, et en tirer autant que l'on peut. Or, pour tirer une cuve, il y a plusieurs manières, toutes bien employées : les uns les tirent par le dessus, au moyen d'un panier ; d'autres par un corps ; d'autres enfin par le dessous, à la fontaine. Cette dernière manière est, selon moi, la meilleure des trois ; du reste, peu importe comme on tire la cuve, pourvu qu'elle soit bien tirée. Il y en a même qui portent, sur le pressoir, le vin et le gène. Je croirais cette manière assez bonne, préférable à la troisième, si elle était aussi commode ; mais, pour la mettre en pratique, il faut être beaucoup de monde et le pressoir doit être entièrement contre la cuve, parce que, s'il en était tant soit peu éloigné, il y aurait trop d'ouvrage. Le vin, disent-ils, est plus beau. Oui, le vin est plus beau, j'en conviens, mais la différence est si faible, que cette manière ne vaut pas la peine d'être mise en pratique ; au reste, si le vin est un peu plus beau, on le gagne bien par la difficulté que l'on a eue. Oui, je le répète, la meilleure manière de tirer le vin des cuves, la plus commode et presque la moins fatiguante, c'est de le tirer par-dessous, à la fontaine.

On porte le vin dans les fûts au fur et à mesure qu'on le tire, et on ne les remplit qu'aux trois quarts, afin de pouvoir y mettre le reste du pressurage, parce que celui-ci étant inférieur au surmoût, on le mélange pour égaliser la cuvée; car, sans cela, une cuve fournirait du vin de deux qualités.

Une fois que le vin est tiré d'une cuve, il ne faut pas laisser altérer le gène; car si on attendait quelque temps pour le tirer, il s'évaporerait et on perdrait beaucoup de vin; il faut qu'il soit porté promptement sur le pressoir, que le sac soit bientôt fait et couvert de marcs habilement, et qu'il soit pressuré de suite, après quoi on laisse le vin dégoutter pendant une heure ou deux. Ensuite, on desserre le pressoir, on ôte les marcs et on coupe ou bien on remue le gène, comme sur les pressoirs nouveaux; mais on se hâte de le recouvrir et de le resserrer, parce qu'il sèche trop vite quand il n'est pas sous les marcs; car plus on se hâte de pressurer le gène, plus il sort de vin de dedans; il faut pourtant donner le temps au vin de sortir du sac et de dégoutter dans la ballonge mise pour le recevoir.

Je ne veux pas m'arrêter à expliquer la manière de pressurer le gène sur les pressoirs, parce qu'il y a tant d'espèces de pressoirs maintenant, qu'il faudrait pour chacun d'eux une manière spéciale, et il serait trop long de l'expliquer; la pratique même en deviendrait ennuyeuse; le lecteur s'impatienterait, et, moi-même, je me laisserais entraîner dans de trop longs détails. Je ne dirai que deux mots sur la manière générale pour faire le vin, après quoi, je parlerai de la manière de gouverner les vins rouge et blanc. Je serai bref.

Les raisins blancs ne se mettent pas en cuve, parce que, au lieu de les mûrir, la cuve les durcit, et le vin, du reste, serait jaune. Cependant il y a bien des raisins blancs qui se trouvent en cuve avec les rouges. Pour qu'ils ne se durcissent pas tant, on les écrase bien, ou on les passe au cylindre, de manière à ce qu'on ne voie plus de grumes entières, parce que, en les pressant, elles ne rendraient pas le vin qu'elles contiennent.

Mêlés aux rouges, les raisins blancs ne font que du bien au vin, pourvu qu'il n'y en ait pas trop; car alors le vin perdrait de sa couleur.

Pour la façon du vin blanc, quand on n'est pas prêt à le faire, il ne faut pas couper les raisins d'avance; ou bien, si on le fait, il ne faut pas les fouler, parce que, dans ce cas, le gène fermenterait et le vin deviendrait jaune. Quand il est fait, il ne faut pas le laisser plus de vingt-quatre heures sans l'entonner, parce qu'il fermenterait, et cela ferait un très-mauvais effet.

De plus, le vin (blanc et rouge également), dans un vase, sans être entonné, s'évente et perd ainsi beaucoup de sa qualité.

Quand on entonne le vin blanc, il ne faut pas remplir les fûts entièrement, parce que, quand ils sont pleins, le vin fermente, et si on les remplissait jusqu'à la bonde, les années où le vin est supérieur en qualité, il se perdrait en grande partie en jetant : on les remplit au fur et à mesure qu'il se refroidit, au bout de trois semaines, un mois, selon comme il fermente. Il faut aussi éviter de le rouler ou de le transporter avant qu'il soit refroidi, parce que si le vin est bon, il

souffle et s'agite tellement qu'il fait partir la bonde ou les
fonds, et alors on court le risque de perdre beaucoup de
vin ; néanmoins, avec des précautions, on peut le transporter d'un endroit à un autre. Il ne faut pas trop le sceller
non plus, avant qu'il soit bien refroidi ; cependant, aussitôt
qu'il a jeté, on peut mettre la bonde, mais il faut toujours
lui donner du vent, parce qu'il fermente longtemps après
qu'il est dans les fûts. Il y a des personnes qui ne remplissent guère leurs fûts, afin que le vin ne puisse pas jeter ;
ils prétendent par là qu'il est meilleur, et conserve toujours
son goût sucré.

On peut remplir le vin blanc au bout d'un mois, et quinze
jours après, on recommence ; mais, quand une fois il est bien
refroidi, c'est après deux ou trois mois, c'est assez de le
remplir tous les mois, même moins si l'on veut ; car plus
on remplit le vin souvent, moins il s'use à proportion. Le
vin blanc est sujet à jaunir ; alors, pour qu'il redevienne
blanc, il faut rouler les fûts, afin de mêler la lie au vin ;
par ce mélange, le vin est tout-à-fait trouble ; mais il a
bientôt repris sa clarté, et, en s'éclaircissant, il reblanchit.
Et si, pendant l'année, on a besoin de le changer de place,
on peut le rouler sans inconvénients.

Il n'en est pas de même du vin rouge : pour le changer
de place, il faut le soutirer, afin d'ôter la grosse lie ; autrement on ne le soutire qu'une fois au mois de mars, ou peu
après ; on l'entretient, pour le reste, comme le vin blanc,
et on le soutire à la même époque que celui-ci, etc.

Si on remuait le vin rouge sur lie, il serait trop longtemps
à s'éclaircir.

Une fois le vin (rouge ou blanc) envaisselé, il faut le placer
dans un endroit frais, soit cave ou magasin ; mais il ne
faut pas le laisser à l'air, parce que j'ai remarqué que le vin,

exposé au soleil et à l'air, s'usait au moins une fois plus que
celui qui était placé dans un endroit frais.

De dépesseler les vignes.

(Sixième façon).

L'ouvrage de dépesseler les vignes consiste à arracher
les pesseaux qui sont plantés contre les ceps. Or, pour
le faire le plus facilement possible et sans bien se fatiguer,
on doit se tourner du côté qu'on s'était placé pour les planter, afin de ne pas casser les pointes de pesseaux. Quand
on les arrache, on les met en bordes, de manière à ce qu'ils
ne pourrissent pas autant ; il ne faut jamais les laisser par
brassées dans les vignes sur la terre. Il y a pourtant des localités où on les laisse en petites bordes d'un peu plus
d'une brassée. Ils ne sont pas bien de cette manière, ils se
mouillent presque tous et pourrissent. Ces tas sont trop petits pour que les pesseaux puissent bien se conserver, et ils
sont trop à la pluie ; pour que les pesseaux soient bien, il
ne faut faire que deux tas ou deux bordes par ouvrée environ, suivant comme les vignes sont épaisses ; on doit mettre
quatre cents pesseaux par tas, ou environ.

Généralement on doit tourner les bordes de manière à ce
que les pointes des pesseaux regardent à l'opposé du côté
que vient la pluie, afin que les vents qui la pousse ne la
fasse pas entrer dans les bordes. Or, comme les pluies
viennent, le plus souvent, du côté du sud et de l'ouest, on
doit tourner les pointes de pesseaux, dans les bordes, à l'opposé de ces deux vents, pour qu'ils poussent la pluie contre
le flanc des bordes, et non dans les bordes elles-mêmes. On

entasse les pesseaux sans ordre, pêle-mêle, les pointes tournées du même côte, en attendant que l'on fasse les bordes en aiguisant ; on doit placer les bordes en rangées autant que possible.

Le moment de dépesseler est le quinze octobre, sans autres limites fixes, c'est-à-dire le plus promptement que l'on peut, lorsqu'on est prêt après les vendanges.

Malgré cela, il y a des moments préférables à d'autres : d'abord, si la feuille n'est pas un peu tombée, que les ceps aient beaucoup de force et que le bois soit long, il ne faut pas se presser de dépesseler ; il vaut mieux attendre ; car la feuille tire le bois par terre, et les vents les battent les uns contre les autres, cela foule le sarment, et, si on voulait faire des provins, il y a bien des ceps qu'on ne pourrait plus coucher, les saillies ne vaudraient plus rien. Je le répète, il est plus commode de faire ce travail lorsque les feuilles commencent à tomber, afin de ne pas endommager les brins de sarment que le poids des feuilles inclinent contre la terre, et pouvoir circuler plus facilement à travers les ceps. Si les feuilles sont tombées, il faut se hâter de faire le dépesselage, ainsi que de ranger les pesseaux, parce que, dans ce moment, il survient des pluies qui les abîment lorsqu'ils traînent sur la terre, et alors ils se font plus du mal que dans toute l'année. Voilà pourquoi il faut les ranger le plus promptement possible. Mais pour éviter ce retard, on peut dépesseler les vignes qui n'ont guère de bois, car celles-là peuvent porter leurs feuilles. Il y en a qui, lorsqu'ils arrachent les pesseaux, les laissent traîner en petits tas sur la terre. On doit les mettre en bordes en les arrachant, parce que, quand ils sont sur la terre et qu'il arrive des pluies, ils sont trop longtemps à sécher et pourrissent volontiers.

Il y a des localités où l'on met les tas de pesseaux en

faisceaux ; cela ne vaut rien : tous les pesseaux se mouillent et pourrissent ; ils sont beaucoup mieux en bordes.

ART. 35.

D'aiguiser les pesseaux.

(Dix-septième façon).

Pour aiguiser les pesseaux, on se sert d'une grosse serpe, appelée gouet. D'abord, il faut faire attention de choisir, pour la borde permanente, une place un peu large, afin de ne pas mettre de pesseaux sur des ceps, parce que souvent, on ne défait les bordes qu'au mois de mai, et les ceps qui se trouveraient dessous seraient abîmés, attendu que dans le mois de mai, la vigne est avancée, et on ne pourrait enlever les pesseaux, sans faire tomber tous les bourgeons de ces ceps ; car tout cep qui est couvert, au commencement de la pousse, est perdu, si elle tombe ; elle repousse ensuite, amène du bois, mais jamais de raisins : voilà pourquoi il ne faut pas mettre les bordes sur les ceps.

Dans l'endroit choisi pour la borde, il faut piocher un peu la terre autour et curer les ceps qui sont à l'entour, faire une petite raie par-dessous et élever un peu la terre du côté des pointes de pesseaux, afin de leur donner de la pente pour leur empêcher de mouiller dedans ; on égalise ensuite cette place pour que les pesseaux portent d'aplomb, et par conséquent ne cassent pas. On peut mettre encore un petit pesseau sur la terre en travers, pour soutenir les autres pesseaux qui porteraient trop sur la terre et pourraient se pourrir. Mais ceci n'est pas rigoureusement nécessaire ; le poids de la borde suffit pour les faire entrer dans la terre.

Quand la place où doit se trouver la borde est arrangée, on choisit quatre des plus beaux pesseaux pour servir de couteaux, afin qu'ils retiennent la borde. Si on n'en trouve point d'abord, on aiguise toujours jusqu'à ce qu'on en ait trouvé, et alors on les pique en terre et on place les autres pesseaux au milieu. On plante les couteaux en terre, à une largeur suffisante pour pouvoir mettre tous les pesseaux dedans, en faisant en sorte que les couteaux de derrière ne soient guère plus éloignés que ceux de devant ; après cela, on écarte ceux-ci de soixante centimètres environ, et ceux de derrière presque de même. Les quatre couteaux doivent être plantés de telle manière qu'ils baissent du côté du devant, où sont les pesseaux, parce que la borde doit être construite en saillie, c'est-à-dire que toutes les pointes des pesseaux doivent saillir les unes sur les autres, de façon que la borde soit sur le devant. Quand la borde est à peu près aux deux tiers ou un peu plus, on lie les deux couteaux de devant ensemble, pour qu'ils tiennent l'écartement de la borde ; on fait celle-ci en pointe du côté du devant, et on donne aux pesseaux le plus de pente que l'on peut pour que l'eau coule dessus sans pénétrer à l'intérieur.

On place les pesseaux un à un, suivant que la borde s'avance, et on met les grands avec les petits. On a soin d'ôter les pailles et les nices de vigne qui tiennent contre les pesseaux, puis on aiguise les pointes cassées ou pourries. Les pesseaux neufs sont aiguisés de quatre côtés ; mais ceux que l'on aiguise dans les vignes ne sont ordinairement que de trois côtés, et on les fait de trois coups de gouet seulement ; pour qu'ils entrent mieux dans la terre quand on les pique, on fait les pointes en effilant. On n'aiguise pas les pesseaux qui ont moins d'un mètre, ils sont trop courts, on les réforme, parce qu'ils ne peuvent plus servir.

On finit alors la borde le plus en pointe que l'on peut, puis on égalise les pesseaux par-dessus, et on relie encore les couteaux deux à deux pour tenir l'écartement. Rangés de cette manière, les pesseaux se conservent mieux que couverts ; le bois se durcit, et il n'y a que ceux qui sont tout-à-fait dans le dessus qui se mouillent, et, comme ils ont la pente nécessaire, l'eau s'écoule sans pénétrer dedans et ils sèchent de suite.

On peut aiguiser les pesseaux immédiatement après que les vignes sont dépesselées ; mais il ne faut pas les aiguiser quand ils sont trop mouillés, parce que, en les mettant en bordes, ils se tiennent les uns aux autres et se pourrissent facilement, attendu que les pluies sont fréquentes à cette époque. Comme l'aiguisement est absolument indispensable, il faut profiter du beau temps pour faire cet ouvrage. Quand le temps est doux, le bois des pesseaux s'en ressent un peu, et se coupe bien mieux ; mais il ne faut pas qu'il y ait de l'humidité, parce que, comme je l'ai déjà fait remarquer, dans ce cas, les pesseaux se tiendraient tous les uns aux autres, seraient sans force et sans consistance, les pointes se casseraient presque toutes en les plantant, et les pesseaux qui auraient toujours gardé leur humidité, se briseraient presque en les remuant. Si on les emborde par un temps humide, ils se font plus de mal que s'ils n'étaient pas dépesselés, parce que, conservant toujours leur humidité, ils moisissent et finissent par se pourrir d'un bout à l'autre.

Le plus tôt que l'on peut emborder les pesseaux est le meilleur, parce que, lorsque les pesseaux sont en tas et qu'ils n'ont pas la pente, l'eau de la pluie passe dans la borde, tous les pesseaux se mouillent et ils sont très-longs à sécher. De plus, si on mettait du retard pour aiguiser, le froid pourrait survenir et entraver cet ouvrage et paralyser complétement l'embordement ; l'hiver arrive, et les neiges les perdent. Il est d'une grande nécessité et tout-à-fait de l'intérêt des propriétaires de presser cet ouvrage par le temps sec.

Un homme peut aiguiser huit bordes et même dix au plus dans sa journée, c'est-à-dire les pesseaux de quatre ou cinq ouvrées.

Voilà donc maintenant la culture ordinaire de la vigne presque achevée ; il me reste à parler de l'ouvrage que quelques personnes font en hiver, ouvrage qui consiste à piocher les vignes, afin de finir de détruire les herbes qui auraient repoussé depuis le dernier labour et le désherbement, et préparer le fonds pour qu'il soit moins rude à travailler l'année suivante. Je vais m'y arrêter quelques instants, et cet article terminera cette théorie sur la culture ordinaire.

ART. 36.

De piocher les vignes d'hiver.

(*Dix-huitième façon*).

Il y a des cultivateurs qui, pour avancer dans la taille et avoir moins de peine en ce moment, piochent leurs vignes pendant l'hiver ; ils prétendent que la terre en vaut mieux, et que, l'année suivante, la vigne est plus forte en bois comme en raisins.

L'ouvrage de piocher les vignes l'hiver consiste à déchausser les ceps qui ont des bourgeons en terre, à les couper avec la serpe, et à les rechausser aussitôt, suivant que l'on avance, à cause du froid et de la gelée. Il y en a même qui exagèrent cet ouvrage : en piochant leurs vignes l'hiver, ils coupent tous les brins de sarment qui sont le long des ceps et ne laissent absolument que ceux où doivent se trouver les tailles : c'est aller à l'excès. Pour que l'ouvrage ne soit pas mauvais, même assez bon, on ne doit couper absolument que ceux qui sont en terre, et dont on peut reboucher la place avec de la terre. Si l'on rechaussait le cep, si l'on coupait tous les brins de sarment qui sont le long du cep, et si l'on ne rognait pas, on ferait beaucoup de mal : les plaies que l'on ferait aux ceps contre la taille, étant larges, les vignes auraient autant de mal qu'en les taillant tout-à-fait.

Le piochement des vignes, en hiver, remplace le déchaussement ; c'est pourquoi on en fait presque le même travail : on arrache les mauvais ceps, on marque les provins pour l'année suivante, on remplit les provins, on tient les raies afin qu'elles ne soient pas en toppe, et on pioche bien toutes les herbes qui sont dans la vigne, afin qu'elles ne repoussent plus. Quand les vignes sont ainsi tenues, on n'a pas besoin de déchausser quand vient la saison de la taille ; les brins de sarment qui étaient en terre, étant coupés, il n'est plus utile de mettre le cep à l'air ; de plus, la vigne étant bien piochée, bien arrangée, n'en sera que plus commode à bécher, quand la saison sera venue. Quand les vignes sont piochées l'hiver, la taille va beaucoup plus vite.

Mais, dans les gros terrains, dans ceux pierreux et de terre blanche, cela est plutôt nuisible qu'utile ; la terre se raffermirait et n'en serait que plus difficile à travailler pour les autres labours. On ne doit pas faire cet ouvrage où on sait que la vigne n'en retire aucun bon avantage ; mais dans les terrains légers, chauds, on peut le faire sans craindre aucun inconvénient, mais il ne faut jamais recommencer plusieurs années de suite, parce qu'on dégraisse la terre, on la rend trop maigre et on lui enlève un peu de sa fertilité.

En général, cet ouvrage ne convient bien que dans les terrains remplis d'herbes, car on les détruit en les piochant ; parce que, pendant l'hiver, l'ouvrage ne presse pas et on prend tout le temps qu'il faut pour bien les détruire. Cependant les terrains qui n'auraient pas beaucoup d'herbes, on pourrait tout de même les piocher, afin de les avancer pour la taille ; mais cet ouvrage, comme nous l'avons déjà dit, n'est pas de nécessité, la vigne peut très-bien se passer d'être piochée l'hiver, puisque bien souvent cet ouvrage lui est funeste, surtout si on le fait deux ans de suite dans le même fonds. Il faut réellement ne rien avoir à faire pour piocher les vignes l'hiver, parce qu'on n'avance pas assez ; c'est presque perdre son temps. Il vaudrait bien mieux piocher autour des raies, remplir les provins de la dernière année, arracher les mauvais ceps et marquer les provins à faire ; cet ouvrage au moins n'est jamais nuisibles à la vigne, et l'on avance presque autant pour la taille. De plus, on en tient beaucoup plus large et l'on fait du meilleur ouvrage que de piocher toute la terre de la vigne.

Je devrais terminer ici cet opuscule, car ce qui concerne la vigne est totalement fini ; mais, comme j'ai dit quelque part que la vigne pouvait s'améliorer par certaines cultures particulières, j'ai pensé que quelques articles sur les différentes sortes et les différents modes d'améliorations ne seraient pas superflus : voilà pourquoi j'ai jugé à propos d'ajouter à ce traité quelques conclusions sur la culture extraordinaire de la vigne, titre sous lequel je renferme les différents genres d'améliorations.

Je répéterai encore ici, au lecteur, ce que je lui ai déjà fait observer dans ma Préface, qu'il doit moins chercher dans ce traité d'agronomie, la richesse, l'abondance, la délicatesse du style, que sa vérité et son utilité pratiques, et j'espère que s'il condamne la manière dont il est écrit, il respectera mon expérience et aura égard à la peine que j'ai prise pour répondre au vœu général, unanime de nos savants agronomes. Du reste, je crois, et tous les hommes de science croient avec moi que le *ars rectè dicendi* est préférable au *benè dicendi;* il n'y a que ces hommes, amateurs de la critique et de la controverse, qui blâmeront ou attaqueront mon ouvrage, parce que mon style ne brillera pas à leurs yeux de la fleur de la belle rhétorique ; mais mon traité est et sera toujours au-dessus de la maligne censure de ces gens trop difficiles à contenter.

Cela dit, je m'arrête. Le reste, comme je l'ai déja dit, s'adresse à MM. les savants agronomes, et surtout aux élèves de la ferme-école qui désireraient s'instruire sur cette branche si utile de l'agronomie.

CULTURE EXTRAORDINAIRE.

AMÉLIORATION DE LA CULTURE DE LA VIGNE.

ARTICLE PREMIER.

De l'engrais.

Dans beaucoup de terrains, si l'on n'y mettait point d'engrais, souvent la vigne ne pourrait pas y croître, ou elle rapporterait peu, et ne vaudrait pas la peine d'être cultivée.

Les principaux engrais pour la vigne, sont : le fumier, le terreau, la gène, etc. Chaque terrain a son engrais particulier ;

10

tous sont généralement bons. Cependant, il y en a qui, mis en trop grande quantité, font plus du mal que du bien, mais qui, distribués convenablement, produisent toujours un bon effet, à moins que la vigne n'en ait pas besoin, ce qui arrive lorsqu'elle a trop de vigueur, ou que le terrain est très-fort. Quand la vigne est faible, quoique le terrain soit fort, il n'est pas utile d'y mettre beaucoup d'engrais, parce que cette faiblesse de la vigne provient d'une maladie ou des insectes qui la dévorent. Dans ce dernier cas, l'engrais qu'on pourrait y mettre, étant chaud de sa nature, attirerait les insectes, et ferait plus du mal que du bien.

ART. 2.

Du fumier.

Le meilleur fumier pour engraisser la terre est celui du mouton, du cheval, etc. ; plus il est chaud, plus il fertilise la terre, qui par là devient plus promptement propre à rapporter. Ce fumier produit partout beaucoup d'effet : il engraisse les terrains chauds, et les tient frais ; quant aux terrains froids, il les réchauffe. Cependant, le fumier convient mieux aux terrains pierreux de la montagne qu'à ceux de la plaine : j'ai remarqué souvent que, placé dans ces localités, il donnait à la vigne une grande vigueur, et faisait prospérer les fruits à merveille.

Quand ces terrains pierreux ont été bien fumés, la vigne craint moins la chaleur ; les raisins n'étant pas aussi exposés à se dessécher, deviennent beaucoup plus gros, les ceps gagnent aussi en grosseur, et la vigne a meilleure taille, ce qui est un grand avantage pour le cultivateur ; car plus le bois de la vigne a de tailles, plus la vigne pousse en raisins ; le bois est plus long, alors il est plus facile de faire des provins. On ne peut donc que gagner de mettre du fumier dans les vignes.

Pour que le fumier produise son effet dès la première année, il faut le placer à propos et dans la saison convenable, le répandre de bonne heure sur la terre, par un temps humide ; car si l'on attend trop longtemps, il sèche et s'altère faute de pluie. Si l'on ne pouvait le répandre de suite, il faudrait alors le couvrir, et attendre le moment de labourer la vigne.

Le fumier, dans quelque saison qu'on le mette, opère toujours ; mais s'il est répandu avec précaution, il produit plus sûrement et plus tôt son effet.

Le fumier est de deux espèces : le premier, que l'on appelle grand fumier, est celui qui vient de sortir de l'étable ; le second est pourri et consommé.

Le grand fumier ne peut guère être répandu de suite, parce qu'il s'altère plus facilement, et, par là, produit moins d'effet. Quand il est trop épais sur la terre, il gêne beaucoup le labourage de la vigne ; on le couvre difficilement en travaillant, et il est long à se consommer. Si l'on veut qu'il ne gêne pas le cultivateur et qu'il se consomme plus vite, il faut l'enfouir dans les provins ; il produira de la sorte son effet sur tous les ceps environnants, et, quand on le découvrira, il opérera comme si vous veniez de le répandre une première fois.

Quant au fumier pourri, on peut le placer sans rien craindre ; il redoute moins la sécheresse. On peut indifféremment le mettre sur le cep ou à côté, le résultat sera le même.

Art. 3.

Du terreau.

On appelle terreau de la terre mêlée avec du fumier, ou

des balayures ramassées dans les cours ou sur les chemins. Il produit plus d'effet dans certains terrains que dans d'autres ; mais il profite moins que le fumier, quoique la vigne s'en ressente plus tôt.

Cet engrais convient aux terrains maigres qui ont peu de fonds. Comme il est plus terreux que le fumier, il est moins longtemps que ce dernier à se confondre, et le fonds s'en augmente bien plus tôt.

Dans les gros terrains, au contraire, le terreau est moins bon que le fumier, quoiqu'on puisse cependant l'y employer, mais il ne profite pas autant.

Le terreau ne convient pas aux provins, il pourrait faire dégénérer les plants de vigne, et, comme il est très-froid, si l'on en met pas médiocrement, il refroidit la terre.

Pour que le terreau fasse beaucoup d'effet, il faut le répandre sur la terre, en ayant soin de n'en pas mettre trop épais, parce que, dans certains terrains, la vigne poussant trop en bois, et faisant milleranter les raisins, exigerait ensuite du temps pour se remettre de cette maladie. Afin d'éviter cet inconvénient, il vaut mieux n'en pas répandre beaucoup d'abord ; il faut, avant d'en répandre une seconde fois, examiner l'effet qu'il a produit, et, d'après le résultat, en mettre plus ou moins pendant quelques années de suite. Ce sera un moyen sûr d'améliorer la vigne.

Pour faire du terreau, il faut mettre alternativement une couche de terre et une couche de fumier. Chaque lit doit avoir douze centimètres d'épaisseur. La terre faisant pourrir le fumier, et celui-ci engraissant la terre, on obtient par là un bon engrais. Mais s'il ne tombait pas assez d'eau pour faire pourrir le fumier, il faudrait arroser le terreau, afin d'obtenir cet effet plus promptement. On peut mettre, avec le fumier et la terre, bien d'autres choses encore, de la chaux, par exemple, ou des balayures quelles qu'elles soient; en se pourrissant ensemble, elles finissent par devenir un bon engrais.

ART. 4.

De la gène.

Partout où la vigne est en culture, on se sert de gène comme engrais ; cependant il s'en faut de beaucoup qu'elle engraisse la terre aussi bien que le fumier ou le terreau.

La gène est plus maigre que tous les autres engrais, je dis la gène qu'on emploie dans nos pays ; on ne la met dans les vignes que lorsqu'elle sort de chez le distillateur, c'est-à-dire lorsqu'elle est entièrement dégraissée, ou plutôt délavée ; car elle n'a plus alors aucun suc, ce ne sont que des petits morceaux de bois répandus sur la terre ; elle ne peut donc pas produire beaucoup d'effet, même dans les provins, parce qu'elle est trop délavée. Il faudrait, pour obtenir quelques résultats, la répandre sur la terre avant sa distillation, ou la faire pourrir quand elle sort de l'alambic. Cependant, si l'on en mettait une grande quantité, malgré sa maigreur, elle finirait par améliorer le terrain.

Si l'on veut faire pourrir cette gène, afin qu'elle devienne meilleure avant de l'employer, il faut la réunir en monceaux ; car, par ce moyen, les grappes se consomment ensemble, et quand elles sont après cela répandues sur la terre, elles sont moins sujettes à s'altérer.

Mais afin qu'elle se consomme plus vite, il sera bon, quand cette gène est réunie en monceaux, de l'arroser et de la fouler aux pieds de temps en temps ; on devra la laisser dans cet état jusqu'à son entière consommation. Sans doute, elle ne profitera pas autant sur la terre, mais au moins elle

aura pour avantage de produire son effet dès la première
année, et de ne pas gêner les cultivateurs dans leur travail.
Autrement, les grappes n'ayant pas eu le temps de se pourrir, se dessécheraient sans produire plus d'effet que si on les
avait répandues sur la terre.

Quand l'on veut mettre de la gêne dans les provins, et
qu'elle n'est pas pourrie, il faut bien se garder de la couvrir
de terre, parce que, n'étant pas exposée à la pluie, elle
pourrirait difficilement en la recouvrant de terre ; on peut
la faire blanchir et altérer d'elle-même.

La gêne opère son effet partout où elle se trouve ; cependant elle convient davantage aux terrains froids, elle les
échauffe et les rend plus fertiles. Il faut donc avoir soin de
la placer le plus possible dans ces localités.

Tous ces engrais sont très-profitables à la vigne ; il n'est
pas difficile de distinguer celle qui en a d'une autre qui en
est dépourvue. La première est plus belle et plus abondante.
Aujourd'hui, les vignes sont d'un bon grain et bien cultivées : mais, si elles manquaient d'engrais, on les verrait
bientôt s'épuiser à force de produire. Une vigne non engraissée, en peu de temps se détériore ; elle ne produit plus
pour les frais d'entretien. Il vaut donc mieux l'arracher que
de la laisser ainsi s'amaigrir.

Ordinairement, il faut mettre de l'engrais plusieurs années
de suite dans les vignes, si l'on veut constater le succès de
son travail ; cependant, pour peu que l'on engraisse la terre,
il y a toujours quelques améliorations. Une vigne qui aurait
reçu pour cent francs d'engrais produira certainement
dix francs de plus que son revenu ordinaire, et, au bout de
quelques années, le terrain se trouvera complétement bo-
nifié.

Quand le terrain est fort et que la vigne est très-vigoureuse, il n'est pas à propos d'y mettre de l'engrais, la vigne pousserait trop en bois, cela ferait tort aux raisins.

La saison la plus propre à mettre de l'engrais dans les vignes, est la saison d'hiver, à partir du premier novembre jusqu'au premier labour des vignes. Cet engrais doit être mis le plus tôt possible. Répandu de bonne heure, il se consomme et engraisse la terre.

ART. 5.

Des irrigations pour assainissement.

REMPLIR LES RAIES BASSES DE PIERRES.

Généralement les vignerons ne connaissent pas le moyen véritable de faire les raies basses, dans la forme voulue. Après avoir donné à ces raies basses la largeur et la profondeur qui leur conviennent, ils mettent dedans des pierres sèches, qui, au lieu d'améliorer le fonds, l'altèrent et le brûlent. Et ce n'est pas une chose bien difficile à comprendre que le fonds, étant disposé de cette manière, devienne sec et brûlant. Ces pierres sèches, qui sont sous la terre, s'altèrent trop vite, entretiennent une chaleur considérable dans ce terrain, placé comme sur un murget; en sorte que, malgré les pluies, il lui est impossible de se conserver frais. On ne doit donc faire des raies basses que dans les terrains humides, qui sont difficiles à cultiver; on les assainit par là même, ils deviennent ainsi plus fertiles et plus commodes à cultiver; l'expérience constate ce fait à chaque instant. Nous avons des terrains presque sans produit, et qui, après leur assainissement, sont devenus fertiles et ont offert des facilités pour la culture.

Le vrai moyen de faire des raies basses, sans altérer le fonds, c'est, lorsqu'il n'existe pas un trop fort courant d'eau dans le moment des pluies, de ne placer les pierres sèches qu'après les avoir mélangées de terre. On ferait bien encore d'y mettre des décombres de bâtisses, de chemins, etc.

La raie basse doit être plus ou moins large, selon que le fonds est plus ou moins humide. On la fera d'autant plus profonde, qu'il y aura plus de terre. Il arrive quelquefois que le terrain repose sur du gravier, et qu'il est impossible de creuser assez pour obtenir une profondeur convenable ; on peut alors piocher le gravier et le détourner, afin de le mettre sur les pierres après qu'on l'aura mêlé avec la terre du fonds ; de cette sorte, les racines de la vigne pourront y pénétrer.

En creusant la raie basse, on met d'un côté la terre végétale, et de l'autre la terre ou le butin, qui se trouve sous cette terre végétale. Si l'on n'a pas de butin à mélanger avec les pierres sèches, il faudra y employer cette terre de fondation, dont nous venons de parler : ainsi mêlées avec les pierres sèches, elle produira le même effet que les décombres de terrasses ; cependant l'effet n'est pas tout-à-fait ce qu'il serait si l'on jetait des décombres dans les raies basses, parce que cette terre qui sort, comme nous l'avons dit, de dessous la terre végétale, étant plus froide que les décombres, est partout moins fertile.

Après avoir donné à la raie basse la longueur et la largeur convenables, on peut y jeter le butin. Si le courant d'eau est un peu fort dans la raie-fosse, au moment des pluies, il faut mettre un peu moins de terre avec les pierres, afin que l'eau passe mieux à travers, ou même construire un petit canal ; cela dépend de la quantité d'eau. Mais, généralement, il n'est pas utile de jeter des pierres sèches, ou de faire un canal : le fonds devient sujet à s'altérer ; il vaudrait mieux faire plusieurs raies basses, afin d'élever le terrain. Cela

fait, on pourrait vider les fossés qui se trouvent aux extrémités de la vigne; par ce moyen, l'eau s'écoule sous terre
sans qu'on s'en aperçoive, le terrain du dessus se
trouvant plus élevé que le niveau de l'eau, n'est jamais humide, et, quand il tombe de l'eau, elle se retire facilement.

Après avoir jeté les pierres dans les raies basses, on
a soin de bien les égaliser, mais sans monter jusqu'au niveau du terrain; il faut laisser encore au moins
trente-trois centimètres de profondeur, afin que le dessus,
étant ensuite couvert de terre, puisse être labouré, ou recevoir des provins. La terre que l'on a retirée en creusant
la raie basse, il faut la remettre au-dessus. Dans le cas où
elle ne pourrait pas y rentrer tout entière, on la répandra
à l'entour, mais bien légèrement. Car cette terre qui sort de
la raie basse, étant très-froide, serait capable de refroidir
le terrain, surtout dans une vigne. Il faut donc bien
se garder de répandre cette terre quand elle est en grande
quantité; elle doit être mise en tas, et exposée au soleil pendant plusieurs années de suite.

On peut faire les raies basses dans toutes les saisons,
pourvu qu'il n'y ait pas d'eau dedans. Cependant, l'été vaut
mieux pour cela que l'hiver, parce que la terre, étant exposée au soleil pendant quelque temps, s'échauffe bien vite,
elle devient moins glaise et plus facile à cultiver.

Autrefois on faisait bien moins de ces raies basses qu'on
en fait actuellement; on ne connaissait pas la méthode, et
souvent on se voyait obligé de les détruire, parce qu'elles
altéraient le sol de manière à lui empêcher de rien produire. Dans les terrains où les raies basses se font comme
nous l'avons indiqué, le contraire arrive. C'est le dessus
qui vaut le mieux, parce que les racines de la vigne y
croissent.

Les raies basses sont nécessaires dans les terrains humides, qui, étant très-difficiles à cultiver, sont par là même hors d'état de rapporter beaucoup, quelle que soit la fertilité du climat. Les vignerons ne peuvent pas en détruire les mauvaises herbes. Si l'on veut assainir ces terrains, il faut donc les élever par le moyen que nous venons de dire. De cette sorte, quelque humides qu'ils soient, ils deviendront cultivables, car la terre s'échauffe par la culture.

ART. 6.

De creuser les fossés pour assainir les vignes.

Maintenant que l'on plante de la vigne dans des terrains très-humides, il est utile de faire des fossés le long, par-dessus ou par-dessous, enfin dans l'endroit le plus convenable, afin d'assainir la vigne pour que l'eau ne lui soit pas nuisible.

Pour que l'eau n'entre pas dans le fonds, il faut avoir soin de faire les améliorations ci-dessus indiquées, parce que si ce sont de jeunes plantes, qui n'aient guère de racines, que le niveau de l'eau monte plus haut que le fonds, l'eau est sujette à lever les plants, surtout dans le moment des gelées, parce que plus la terre est humide, plus elle gèle, et quand l'eau se retire, que les plants ne sont plus dans la terre, qu'ils sont déracinés, que le hâle commence à souffler, ils périssent; ce n'est pas que l'eau ferait beaucoup de mal à la vigne, quand une fois elle a des racines, au contraire, elle ne lui ferait que du bien, pourvu qu'elle ne forme point de ravins; mais quand elle a croupi dans un fonds, il est très-difficile à cultiver, car il est plus humide dans le moment des pluies qu'ailleurs, et souvent, quand les chaleurs arrivent tout-à-coup, on ne peut pas lui donner ses premières façons,

parce l'eau rend la terre glaise, et elle sèche très-vite sitôt
que l'eau se retire ; la terre fend et ses fentes altèrent le
fonds, et on ne peut plus bien le cultiver : voilà pourquoi
il est utile de vider les raies et les fossés le long des vignes.

Plus les terrains sont humides, plus les fossés doivent
être larges et profonds, afin de donner l'écoulement aux
eaux.

La terre que l'on a sortie des fossés doit être répandue
bien légèrement sur le terrain, parce que cette terre souvent
est très-froide ; elle pourrait retarder l'accroissement de la
vigne, même lui occasionner des maladies.

ART. 7.

De vider les raies dans les vignes.

Les raies des vignes sont presque toutes détruites et remplies de pierres. Cependant, quand il en existe qui sont un
peu profondes, il faut les entretenir, les vider, ou elles seraient bientôt en toppes. Car ces raies, étant ordinairement
humides, sont glaises ou couvertes d'eau ; les herbes y
croissent davantage, et rendent la culture plus difficile.
Pour peu que le fonds soit humide, on ne doit jamais remplir les raies, sans y mettre des pierres. Ces raies doivent
avoir la largeur de deux coups de pioche ; leur profondeur
varie suivant l'humidité du sol. Pour les vider, il faut ôter la
terre qui y serait tombée. Si ces raies n'étaient pas assez
profondes auparavant, il faudrait les creuser un peu plus, afin
d'assainir le terrain. On aura soin de les vider tous les ans
de la même profondeur et de la même largeur. Ce travail est
d'une grande utilité ; car, indépendamment de l'avantage
qu'on en retire pour la culture, il garantit un peu la vigne
contre les gelées du printemps. Plus en effet une vigne est

élevée, moins elle craint l'humidité, et par conséquent, il faut choisir un temps convenable pour vider les raies des vignes ; il est impossible de le faire quand il y a de l'eau. Si elles sont toujours humides pendant l'hiver et que l'eau y séjourne continuellement, on attendra l'automne. Autrement, on pourra plus facilement les vider dans la froide saison, en se gardant bien toutefois de remettre ce travail au printemps, parce qu'alors la terre, étant plus glaise, serait plus difficile à manier. Quoi qu'il en soit la saison la plus convenable est celle d'automne. La terre qu'on en retire sert d'engrais l'année suivante.

ART. 8.

Arracher les rochers qui sont à fleur de terre.

Comme les vignes sont presque toujours plantées dans des terrains maigres et délicats, souvent on rencontre des rochers à fleur de terre et même dehors. Sans doute, ils ne gênent pas l'accroissement de la vigne, mais ils occupent le terrain inutilement.

Il faut donc les arracher, et, pour cela, détourner la terre qui les environne, en creusant environ trente centimètres de profondeur ; mais il ne faut pas craindre de creuser plus avant, si ces rochers ont plus d'étendue. La cavité que l'on aura faite pourra se combler avec des décombres, des pierres mêlées de terre, jusqu'au niveau de la fondation du terrain, afin que ce soit plus frais et qu'il n'entre pas autant de terre végétale. La superficie de cette cavité sera ensuite nivelée avec de la terre ordinaire.

ART. 9.

Transport de la terre végétale.

Dans les fonds en pente et même ceux dans la plaine, la

terre est sujette à se ramasser du côté où les vignerons commencent leur labour ; elle finirait par descendre presque tout entière au bas de la vigne, ce qui dénaturerait le dessus du sol, sans rendre meilleur la partie où elle se réunit. Souvent il arrive que dans un fonds de terre qui n'a que trente centimètres de terre végétale, et qui est bien en pente, le dessus se découvre entièrement en moins de vingt ans. On finit, dans ces terrains, par trouver la coudée des plants ; les racines sont à nu, et la terre devient impossible à cultiver. Il est des vignerons qui raccourcissent le fonds pour couvrir les ceps qui sont plus bas ; mais c'est mal cultiver que d'agir de la sorte, il vaut bien mieux remonter la terre de dessous au-dessus. D'autres cultivateurs, sans raccourcir le fonds, s'y prennent autrement ; ils vous disent qu'il faut laisser la terre au bas, car au moins, si le dessus se détériore, le dessous de la vigne en deviendra meilleur. C'est encore un très-mauvais calcul. Jamais le bas de la vigne ne s'améliorera de telle sorte qu'il puisse faire compensation à la perte du dessus ; car il n'y a jamais assez de terre au-dessous pour en fournir suffisamment. Au reste, souvent la vigne préfère le dessus du fonds : c'est donc perdre la meilleure partie de son terrain que de le laisser descendre au bas. Si, au contraire, on remonte la terre, en descendant peu à peu, elle se met en nature toute seule.

On ne peut faire ce transport que pendant l'hiver, quand le temps le permet. Si l'on choisit ce moment pour transporter la terre, il ne faut pas qu'il y ait de la neige mélangée avec elle ; car cette neige, se trouvant recouverte, ne fondrait que pendant les grandes chaleurs de l'été, et par sa fraîcheur empêcherait les racines de croître.

Le meilleur moment pour transporter, est celui de la gelée. Je ne veux pas dire par là qu'on ne puisse le faire quand le sol est mouillé, mais le travail n'est pas commode. Avant le transport, il faut remplir les provins qu'on a faits l'année précédente, arracher les mauvais ceps, marquer les provins pour la prochaine année, piocher les mauvaises herbes et relever les murs de clôture.

On se sert de la hotte ou d'autres ustensiles convenables à ce travail. Il faut, en montant la vigne, prendre garde de briser les ceps qui, étant gelés, sont très-fragiles. Arrivé au-dessus de la vigne, on répand la terre dans les endroits les plus affamés, et selon le besoin que chacun pourrait en avoir. Jamais on ne gâte la vigne en transportant ainsi de la terre du dessous au-dessus. Car lors même qu'on en aurait transporté par trop, en la répandant légèrement on finirait par l'échauffer à force de culture.

Pour que le travail réussisse bien dans les vignes faibles, il faut, avant de transporter la terre, répandre du fumier non pourri. Le fumier engraisse et échauffe le sol, pendant que la terre végétale le fait pourrir en le consommant.

Après que le cul de terre d'une vigne est enlevé, il est des vignerons qui font des provins et couvrent des plants dans cet endroit. Mais ni les uns ni les autres ne peuvent bien réussir. Les plants ne peuvent pas raciner dans un fonds mouvant et presque sec ; les jeunes ceps n'ont point de force, et ne produisent point ou presque point de raisins, jusqu'à ce que la terre soit redescendue. Il leur faut, par conséquent, plus de dix à douze ans. C'est donc une perte de temps pour le vigneron que de cultiver une terre qui ne lui rapporte rien.

Pour que la vigne réussisse il faut à la place d'un cul de terre, égaliser les fondations, mêler avec le sol un peu d'engrais ; afin que le fonds se repose et s'affermisse, on l'ensemence avec du sainfoin pendant quatre ou cinq ans au moins, sans le replanter. La vigne réussira beaucoup mieux ; elle sera plutôt prête à produire que si on la plantait de suite après avoir enlevé du terrain. Quand elle sera une fois en rapport, le produit deviendra aussi plus abondant, et, de cette manière, on n'aura pas la peine de cultiver un fonds pendant plusieurs années sans en rien retirer.

ART. 10.

Transporter la terre d'un climat à l'autre.

On transporte ordinairement les terres douces dans des terrains pierreux, c'est-à-dire les terres de la plaine dans les coteaux. Ces terres conviennent parfaitement au sol presque nu de la terre. Pour la terre des coteaux il n'en est pas de même ; quoiqu'elle soit très-fertile, elle ne produit pas le même effet dans la plaine.

Souvent dans les bas fonds et dans la plaine, les cultivateurs sont gênés dans leur travail par une exubérance de terre qui se ramasse en certains endroits. On pourrait sans dénaturer ni endommager le fonds enlever une certaine quantité de cette terre pour la porter dans les coteaux. La fondation du terrain dans la plaine étant fraîche, il n'est pas nécessaire qu'il y ait tant de terre pour faire croître les plantes. On peut donc en prendre une certaine quantité, et mettre à la place beaucoup ou peu d'engrais qui réchauffera le terrain sans l'endommager. Dans les bas-fonds pour avoir la terre végétale qui s'y trouve en grande abondance, on fait des creux que l'on remplit ensuite de pierres.

Quand ces terrains se trouvent peu éloignés de la côte, il est très-bon de leur enlever de cette terre végétale pour

la transporter dans les terrains pierreux des coteaux ; elle y
produit beaucoup d'effet et plus promptement même que
l'engrais ; elle rend le fonds plus commode à cultiver et l'a-
méliore pour toujours. Cependant, comme elle est un peu
froide, il ne faut pas en mettre trop épais, de peur de faire
dégénérer les plants : on peut essayer avant que d'en répandre beaucoup. C'est pourquoi lorsqu'on ignore quelle
est sa nature, il faut la répandre légèrement, et dans les endroits où il y a défaut de terrain. Mais la terre de la même
localité, quoique moins forte, est toujours plus propice à la
vigne.

ART. 11.

Exploiter les veines de terre de marne.

Il se trouve parfois sous la terre végétale des veines de
terre de marne qu'on ignore et qu'on ne trouve pas en creusant les provins ; on rencontre aussi des lits de pierres de
toits ou de graviers, entre la terre végétale et le cul de sac
de terre de marne (je dis cul de sac, parce que la terre de
marne se trouve serrée entre les pierres). Comme elle est
très-étroite on ne s'en aperçoit pas ; souvent elle s'étend à
une très-grande profondeur sans qu'on puisse en découvrir
le fonds. Elle est jaune, blanche ou rouge. On la trouve
quelquefois en travaillant, quelquefois au moyen des taupes
qui en font sortir sur la terre végétale. Il faut alors sonder,
afin de savoir si la veine est assez considérable pour être en
état d'être exploitée. Si l'on veut en répandre dans les vignes,
il faut prendre les plus grandes précautions, car elle est
froide, et pourrait, mise en trop grande quantité, dété-
riorer une vigne, par exemple, brûler ou roussir les
feuilles, et diminuer de beaucoup la quantité des raisins.

Si donc elle n'est pas par trop fraîche, on en répand légèrement et en proportion de l'effet qu'elle produit. Dé cette manière elle s'echauffera à la longue, et deviendra une bonne terre. Généralement il ne faut pas en répandre ; j'ai fait, pour m'en assurer, plusieurs essais: une fois entr'autres, j'ai mis du fumier bien chaud, en grande quantité, de quinze centimètres environ, à l'endroit que je voulais couvrir de terre de marne. Je n'en ai pas obtenu un meilleur effet. Cette terre, sans faire du mal au sol, ne lui fit presque point de bien; elle fut très-longtemps à s'échauffer. La marne ne convient nullement aux terrains gras et fertiles. Quand il y en a dans un fonds et qu'il tombe de l'eau, elle se *corroye* ; elle se durcit au contraire par un temps sec ; étant très-froide de sa nature, elle empêche aux rayons du soleil de pénétrer jusqu'à la terre végétale. Il lui faut très-longtemps pour s'échauffer et se mêler avec elle ; en sorte qu'elle peut faire dégénérer les plants de vigne et même les faire périr par la suite.

La marne ne convient que dans un fonds où il y a peu de terre, surtout dans un fonds où la terre est très-légère ; elle fait bien aussi à la place d'un murget, dans un terrain dénaturé, ou sur un chaume que l'on veut mettre en culture.

Dans ces différents endroits, on peut la mêler avec de la terre végétale, ou la répandre seule, en telle quantité que l'on voudra. Cependant il n'est pas utile d'en mettre beaucoup ; 33 centimètres suffisent pour faire un bon terrain. Si l'on y plante de la vigne, on devra couvrir la coudée des plants avec du fumier bien chaud pour les faire croître, parce qu'avec la fraîcheur de cette terre, la plante serait trop longtemps à se développer, tandis que mélangée avec un peu d'engrais, la marne s'échauffe assèz facilement.

Mais afin qu'elle ne fasse pas de mal à la vigne, on fera bien de la réunir en tas ; on fera mieux encore de la mêler avec du fumier et de la faire sécher ainsi pendant plusieurs années avant que de la répandre ; on la met par lit avec le fumier, comme pour faire du terreau. Ce n'est que lorsque ce dernier est consommé, et que la marne est échauffée qu'on la répand dans une vigne ; de cette manière, elle ne refroidit pas autant le sol et le fertilise.

Quand cette marne est échauffée, elle devient très-fertile ; mais il faut bien des précautions pour la répandre. Au reste, il n'est pas étonnant qu'elle soit si froide lorsqu'on la tire : n'ayant jamais vu le soleil, comment pourrait-elle être féconde ? comment pourrait-elle promptement s'échauffer ? Elle est si serrée en terre que l'eau ne peut pas y pénétrer.

Quand on veut mettre en nature une friche, ou un fonds dénaturé, il faut niveler la fondation du terrain, détruire les rochers qui sont à fleur de terre ou même dehors, niveler les creux, abattre les hauteurs et suivre la pente du terrain en aplanissant le plus possible ; parce que, quand il se trouve des hauteurs, la terre n'y reste pas, et ces endroits se trouvent affamés.

Après avoir tiré la marne du terrain, on doit combler les creux, afin de remettre tout le fonds en nature. On se sert pour cela de pierres, de cailloux, de butin, etc. Beaucoup de cultivateurs sont assez négligents sous ce rapport. Ils jettent des pierres sèches dans les creux qu'ils ont faits sans s'occuper d'y mêler de la terre, ce qui endommage considérablement le fonds. Non-seulement le terrain qui se trouve sur ces pierres, mais encore tous les alentours deviennent entièrement secs, comme s'ils étaient sur un murget. Malgré d'abondantes pluies, la fraîcheur de la terre ne peut se conserver. La vigne, comme les autres plants, ne prend point d'accroissement ; elle brûle à la moindre sécheresse. Il vaut donc mieux, pour faire du bon ouvrage, remplir ces creux avec des pierres mélangées de terre, soit de décombre, soit de bonne terre, etc., peu importe la nature de cette terre, pourvu que les pierres ne soient pas seules. De cette sorte, le fonds se trouve amélioré ; car les racines des vignes pénètrent dans les décombres, à quelque profondeur qu'ils se trouvent et s'y affermissent. La vigne est ainsi dans une fraîcheur continuelle et quelle que soit la sécheresse qu'il arrive, ce fonds, étant alimenté et bien réparé, n'aura rien à craindre des ardeurs du soleil : il sera meilleur qu'auparavant.

Après avoir pris ce que l'on voulait et épuisé la veine de marne, il ne faut pas entièrement remplir le creux de pierres et de butin, mais réserver au-dessus un espace de quarante à cinquante centimètres de hauteur, que l'on remplira de bonne terre ou de marne pour faire le fonds.

On trouve encore, dans les gorges et les collines, une autre espèce de terre de même nature que la marne, mais meilleure ; elle est plus chaude et plus fertile, et ressemble beaucoup à la terre végétale. On peut s'en servir également pour améliorer une terre quelconque, pour mettre une friche en nature ou pour mêler avec du fumier.

ART. 12.

De miner les terrains sur le gravier.

Les terrains qui sont sur le gravier sec et brûlant, généralement, ne valent pas la peine d'être cultivés. On y plante de la vigne, mais souvent elle n'y pousse point en bois, parce que le gravier est trop serré et trop sec; il l'est tellement que les racines n'y peuvent pas pénétrer. Cependant il ne descend pas à une grande profondeur ; on en voit quelquefois qu'un lit sous lequel se trouve soit du gravier moins serré, soit de la marne, soit des cailloux, etc. ; néanmoins, il y a des graviers frais qui généralement sont très-convenables à la vigne.

On pourrait sans grande difficulté enlever ce gravier, d'autant plus qu'il n'a ordinairement qu'un mètre d'épaisseur. La vigne s'en porterait mieux après ; elle y prendrait plus de force.

Le gravier altère le fonds considérablement ; c'est comme s'il se trouvait sur un murget de pierres. Mais quand on le mélange avec de la terre, il en est tout autrement. La vigne s'y plaît bien ; les racines pénètrent facilement. Pour miner le terrain, il s'agit donc d'enlever le gravier sec, afin de rendre le sol plus frais et plus fertile. Cependant il est des terrains où il serait impossible de le faire. Lorsque, par exemple, le gravier a dix ou douze mètres de profondeur, il faut se contenter d'en enlever un mètre à peu près, et davantage selon qu'il est plus ou moins sec, ou que le terrain est plus ou moins humide ; car il arrive quelquefois que le terrain est tellement humide qu'au temps des grandes pluies l'eau séjourne sur le sol. Oter une grande quantité de de gravier dans ces terrains ce serait les rendre incapables de culture. Cependant, il serait encore possible de le faire, même dans ces endroits ; on pourrait, par exemple, enlever du gravier de trente à quarante centimètres d'épaisseur et faire des rigoles assez profondes pour l'écoulement de l'eau des creux.

Quand on veut miner un terrain, il faut le faire en découvert, c'est-à-dire détourner toute la terre végétale d'un côté, à mesure que l'on tire le gravier, puis placer le gravier derrière, suivant que l'on exploite le sable.

Ainsi amélioré, le terrain vaut quatre fois plus, parce que, après l'enlèvement du gravier sec, la terre végétale repose sur le gravier frais. Cette terre, qui est très-fertile de sa nature, n'ayant jamais rapporté comme elle le devait, est quasi neuve après l'amélioration faite.; car voici ce qui arrivait avant que le sable n'eût été ôté : Au moment où la terre était en état de rapporter, la sécheresse l'altérait de telle sorte, que les plants ne pouvaient rien produire ; les fruits, au lieu de croître et de mûrir, restant petits et mal faits, finissaient par se sécher et dépérir entièrement. Si parfois la récolte paraissait abondante, ce n'était qu'en apparence, les fruits ne profitaient pas. De cette sorte la terre rapportant toujours, mais peu, ne s'épuisait pas par là même : c'est ce qui fait qu'elle est plus fertile après l'exploitation du sable.

Quand on exploite une sablière, on doit faire attention à ce que les ouvriers n'enlèvent pas trop de gravier ; ce serait s'exposer à abaisser le fonds, et à le rendre trop humide.

Souvent ceux qui tirent le sable, n'ayant pour fruit de leur travail que le gravier, sont occupés d'en tirer le plus possible ; ils font par là plus du mal que du bien à la vigne, qui devient sujette aux maladies. Cependant quand le terrain est assez élevé et assez sec, on peut en ôter une quantité considérable, sans produire une grande altération. Mais, si le sol est humide, il suffit d'enlever seulement la superficie du gravier ; trente centimètres pourrait quelquefois suffire ; c'est le dessus qui est le plus dure.

Il est certains endroits, qui ont si peu de terre au-dessus du gravier que si l'on en minait le terrain, il se trouverait trop bas, et l'on ne pourrait le disposer selon ses désirs. Cependant, pour peu qu'il y ait de terre et que le sol ne soit pas humide, on peut exploiter le gravier, le fonds en sera meilleur, pourvu qu'on ait soin de le bien fumer avant de le planter ou de l'ensemencer. Car les fonds qui ont le plus de terre végétale ne sont pas les plus fertiles, mais bien ceux dont la fondation des terrains est la plus fraîche. Si le terrain est trop humide ou qu'il en résulte d'autres inconvénients on pourrait le miner de vingt centimètres seulement de profondeur, et mêler au gravier la terre végétale : ce mélange rendrait le terrain plus fort et plus fertile. Mais le sol serait bien longtemps à s'échauffer par suite du grand nombre de pierres qui s'y trouvent. Pour faire un meilleur ouvrage, on peut mélanger un peu de terre avec le gravier, en le remuant un peu et jeter de la terre dessus, afin de rendre le terrain labourable.

En cas que la grosseur du gravier ou sa trop grande quantité rende le terrain incapable de culture, on peut y faire une plantation de bois ; les arbres y viendraient à merveille et le fonds se remonterait facilement. De plus, le suc des arbres remontant toujours, les feuilles et le gazon, réunis et se consommant ensemble, produiraient assez de terre végétale pour qu'avant peu de temps le fonds devînt cultivable. Après que le fonds est défoncé, on ne doit pas planter de la vigne de suite ; on peut le remettre en sainfoin un peu de temps avant.

ART. 13.

De détruire les haies vives qui entourent les vignes.

Certains cultivateurs ont l'habitude de planter des haies vives dans leurs vignes, soit le long du chemin, soit à côté des vignes de leurs voisins. Pour les détruire, il faut les arracher à une certaine profondeur, afin qu'elles ne repoussent pas. On pourra creuser à trente ou trente-cinq centimètres ; autrement elles reprendront toujours, et si ce n'est pas à la même place, ce sera du moins à côté. Les haies ne laissent pas de gêner beaucoup : leurs racines s'étendent quelquefois de cinq mètres ; elle se mêlent avec celles de la vigne et les empêchent de croître ; aussi les raisins ne profitent-ils jamais bien dans leur voisinage. Enfin elles usent le terrain inutilement.

On peut donc les détruire sans rien craindre ; ce sera un grand service à rendre à la vigne, parce que la terre s'est reposée pendant que la haie l'occupait, elle n'en sera que plus fertile.

Les haies sont tellement vigoureuses, qu'elles croissent presque partout sans qu'on les plante : dans un murget, le long des murs, etc. Si on les laisse croître à leur volonté, elles finiront par s'étendre dans le fonds tout entier. Mais, outre cet inconvénient d'endommager la vigne, les haies en ont un autre, qui n'est pas moins considérable : c'est celui de loger une foule d'insectes qui, à leur tour, dévorent les ceps et leurs fruits. Donc, au lieu de laisser une haie vive, il faut la remplacer par un mur ou un fossé ; la vigne s'en portera bien mieux.

Art. 14.

De détruire les murgets.

Les murgets ne se rencontrent évidemment que dans les terrains pierreux de la montagne. Ce sont des pierres provenant de toutes les vignes d'alentour et réunies en tas. Ces murgets attirent aussi tous les insectes des environs ; les haies y croissent très-facilement, et, une fois qu'elles y sont racinées, il est impossible de les détruire sans détruire les murgets eux-mêmes. Souvent ils sont placés sur de la terre végétale, occupent du terrain inutilement et gâtent tous les alentours.

Pour détruire un murget, il faut simplement ôter les pierres sèches ; puis, s'il n,y a pas trop de pierrailles mélangées avec la terre végétale, on peut sans rien craindre y planter de la vigne. Si, au contraire, il y a beaucoup de pierres dans ce terrain, il faut le défricher dans toute sa profondeur, afin de le rendre plus commode à cultiver.

Quand la place qu'occupe ce murget renferme de la terre végétale n'ayant jamais servi, c'est une terre neuve qui vaut beaucoup mieux que celle de la vigne voisine, et qui peut produire de suite. Si le murget n'est pas sur la terre végétale, l'endroit où il se trouve, quel qu'il soit, est toujours bon à mettre en nature. Enfin, quand on n'a point de terre à rapporter à la place du murget, on doit toujours l'ôter, afin de détruire les insectes qu'il renferme.

Cependant, si ce murget n'est pas facile à enlever, ou qu'il n'en vaille pas la peine, il faudrait faire un mur à l'entour. Par ce moyen, on pourrait cultiver la vigne jusqu'au pied de ce murget, et les haies ne pénétreraient pas aussi facilement dans l'intérieur du terrain.

Il est des vignerons qui ne savent pas cultiver contre les murs et les murgets, ils font comme des petits fossés, croyant par là empêcher aux haies de croître. Mais ils n'atteignent pas leur but, car les haies croissent entre les rochers et les joints de pierres, et leurs racines s'étendent dans la vigne. Pour que celle-ci réussisse bien le long des murs et des murgets, il faut ramasser la terre de ce côté, afin d'y cultiver comme ailleurs.

Des murs de clôture.

Les clôtures sont presque toujours des murs qui servent soit à garantir les vignes de l'invasion des animaux, soit à détruire les haies et les insectes, et par là faciliter le travail des cultivateurs.

Les murs de clôture entre deux voisins ou le long d'un chemin, varie en hauteur, suivant leur position. Quand ils sont au nord ou à l'ouest, il faut les élever de manière à ce qu'ils servent à abriter la vigne; le nord la préserve des vents, l'ouest la défend contre les orages de la grêle, etc. Mais quand ces murs doivent être faits à l'est ou au sud, il faut se garder de leur donner trop d'élévation; la vigne ne se plaît pas à l'ombre, surtout de ces deux côtés ; elle souffre trop de la rigueur du temps en hiver. Cependant, le plant gris pourrait encore y réussir. Il est vrai que du côté du nord et de l'ouest, de hautes murailles sont sujettes à faire avancer la maturité des raisins qui se pourrissent et sont dévorés par les insectes avant la vendange.

C'est ainsi qu'il faut clore les vignes si l'on ne veut pas les endommager et profiter de la bonne situation du terrain. On doit surtout prendre garde, comme nous l'avons déjà dit, de trop ombrager les raisins ; car ce qu'ils demandent avant tout, c'est d'être bien exposés aux rayons du soleil. Quelquefois ces murs de clôture sont indispensables, lorsque, dans la montagne, la vigne aboutit à un chaume ou à un chemin. Ordinairement, dans ces vieux murs renversés, les haies croissent au travers ; aussi voit-on les feuilles sécher et le raisin mal tourné. Quand les murs sont construits, il est très-utile de les faire enduire pour que les insectes ne puissent pas s'y réfugier.

ART. 16.

Arracher les arbres des vignes.

Les arbres dans les vignes ne servent qu'à endommager les ceps qui se trouvent sous leur ombrage ; s'ils ne leur empêchent pas de produire des raisins, ils sont au moins cause que ces raisins n'arrivent pas à leur maturité. Cela dépend du terrain : plus il est maigre et léger, plus il s'en ressent.

Les racines des arbres s'étendent à une distance dont on ne saurait se faire une idée ; elles vont quelquefois jusqu'à dix ou douze mètres, selon la grosseur du tronc. Elles sont encore plus nuisibles que l'ombrage lui-même. Ainsi, les peupliers, qui ne donnent presque point d'ombre à cause de leur élévation, usent cependant le terrain plus que tous autres arbres.

Le pêcher, dont l'ombrage est peu considérable et dont les racines ne s'étendent presque pas, a un autre inconvénient ; il attire une foule d'insectes qui dévorent la vigne au moment où elle s'épanouit. Mais il est le seul qui ne soit pas beaucoup nuisible ; tous les autres arbres, soit par leur ombrage, soit au moyen de leurs racines, endommagent tellement la vigne qu'ils empêchent aux fruits de prospérer, même à une assez grande distance.

Si donc les cultivateurs veulent avoir des vignes qui deviennent fortes et vigoureuses, ils ne doivent point y souffrir d'arbres ; autrement ils cultiveront en vain la terre. La vigne y pousse encore en bois, mais les raisins sont comme malades et ils ne peuvent jamais mûrir. Une fois, au contraire, que vous avez délivré un terrain des arbres qui l'embarrassent, vous voyez les vignes renaître. Dès la première année tout change de face : engraissée par les racines qui, séparées du troncs, ont pourri dans la terre, le sol devient plus fertile, les raisins ne se ressemblent plus ; on croirait, à les voir, qu'ils n'appartiennent plus au même plant.

ART. 17.

Des défrichements.

Les friches sont des terres vagues ou des parcelles de terrain jusqu'alors incultes qui avoisinent les vignes et que l'on veut mettre en nature. Il est très-utile de le faire, car elles ne servent ordinairement qu'à brûler les fonds voisins.

Le défrichement consiste simplement à piocher le terrain, afin de mélanger un peu le sol et d'en ôter les pierres pour le rendre plus cultivable. Cependant il ne serait pas utile d'enlever toutes les pierres qui s'y rencontrent, car elles rendent le terrain frais et fertile. Aussi remarque-t-on que dans les terres douces le vin est moins délicat, moins bon que dans la montagne. Ces pierres, en petite quantité et de peu de grosseur, ne font point de tort à la vigne ; au contraire, comme nous l'avons dit, elles la rafraîchissent et la fertilisent. Dans les terrains pierreux surtout, où il y a bien bas de la terre, elles forment pour ainsi dire le fonds lui-même ; les ôter, ce serait tout enlever : il faut donc se contenter d'en faire disparaître seulement les plus grosses qui gêneraient trop la culture. Car sauf cet inconvénient d'être un embarras pour les vignerons-cultivateurs, les pierres ne sont nullement nuisibles dans les endroits où l'on veut planter la vigne ; elle y devient, au contraire, très-vigoureuse et très-abondante, et si le terrain est un peu fort, les raisins profitent beaucoup. Ainsi, pour ôter les pierres d'une friche, il faut consulter le terrain.

Le propriétaire devra donc juger de la qualité de son terrain pour le défrichement, parce qu'il faut comprendre que si le terrain est par trop pierreux et qu'il soit un peu fort, il en deviendra plus abondant, mais le vin n'aura pas la même qualité ; car plus il y a de raisins dans une vigne, moins le vin est fin. Ainsi, pour laisser les pierres dans un champ, il faut voir ce qu'il en faut faire. Il est vrai qu'on prendrait en vain toutes les précautions possibles, si le sol n'est pas délicat jamais il ne produira de bon vin. Quoique le soleil contribue beaucoup à la qualité de vin, cependant il n'y contribue pas seul. En vain les chaleurs de l'été seront fortes, si le terrain est médiocre, on n'aura pas de vins fins. Nous en avons une preuve dans les vins du Midi. Le soleil ne leur manque pas, et cependant ce sont des vins durs, difficiles à boire et qui n'ont pour eux que dureté. Pourquoi ne valent-ils pas les vins de la Bourgogne? C'est évidemment parce qu'ils n'ont pas d'aussi bons terrains.

Pour mettre une friche en nature, il faut donc remuer le sol au niveau de la vigne voisine, et lui donner la même fondation de terrain. S'il y a une pente et qu'elle soit trop forte, on l'adoucira autant que possible, afin que la terre ne descende pas aussi vite et ne s'altère pas ; si le terrain est un peu élevé, il faut l'abaisser ; on doit aussi le relever s'il est trop bas, car les terrains plats sont sujets à la gelée. Ainsi, il faut assainir le sol quand il est humide : on le rendra par ce moyen plus fertile et plus commode à cultiver.

Quelquefois le terrain ne vaut pas la peine d'être défriché; ce ne sont partout que des rochers et des grosses pierres qu'il serait difficile d'enlever. Dans ce cas, pour s'épargner un travail fatiguant, il suffit de niveler la surface de la friche en abattant les hauteurs, en remplissant les cavités et en transportant de la terre sur ce terrain ainsi préparé. De quelque nature que soit cette terre, elle pourra mettre la friche en état de rapporter.

Il n'est pas nécessaire d'en transporter beaucoup; trente-trois centimètres d'épaisseur suffisent pour faire un bon fonds.

Qu'on ait transporté de la terre dans la friche, ou qu'on l'ait seulement labourée, si le terrain est trop mouvant, on ne devra pas y planter de la vigne sur-le-champ ; il faut attendre qu'il se soit raffermi, et, pour bien faire, il serait très-convenable d'y semer du sainfoin, et de le laisser dans cet état pendant trois ou quatre ans ; la vigne y croîtrait bien mieux ensuite. Il va sans dire que lorsqu'un terrain n'est pas trop pierreux, on ne doit pas en enlever les pierres en le défrichant : il faut se contenter de transporter de la terre dans les endroits qui en manquent.

Quand une friche est en nature, pour peu que le terrain soit fort et qu'il ait de la fraîcheur, la vigne sera bonne. Cette terre, étant entièrement neuve, ne peut manquer de produire beaucoup. Ainsi, les vignerons ont tout à gagner en mettant leurs friches en culture. La vigne qui se trouve à côté, sans être désormais brûlée par la chaleur de cette terre inculte, ou dévorée par les insectes qui s'y réfugiaient, devient plus vigoureuse et plus fertile.

On sait que la vigne étend ses racines très-loin. Cependant, si le sol qui l'avoisine est inculte et en toppe, jamais elle ne poussera de ce côté. En voici la raison : La terre de la toppe est altérée et épuisée par le gazon qui la couvre ; elle se durcit tellement que la pluie ne peut pas la mouiller, à moins qu'il n'en tombe considérablement. De cette manière, les racines de la vigne, n'y trouvant point de nourriture, s'en écartent toujours. C'est encore une raison de plus pour les vignerons de ne point laisser de friches dans leurs vignes, ou autour.

Cependant il en est qui n'y font pas attention, qui vont

même jusqu'à planter de la vigne dans de petites parcelles de terrain, jusqu'alors incultes, et sans les défricher. Il vaudrait mieux ne pas le faire. C'est toujours peu de chose que ces morceaux de vigne plantés de la sorte.

Art. 18.

Nouvelle manière de cultiver la vigne sans pesseaux, par M. l'abbé Cornesse.

M. l'abbé Cornesse a essayé de faire cultiver la vigne sans y mettre de pesseaux. Au moment où les bourgeons étaient prêts à accoler, il les faisait couper un nœud ou deux plus haut que le raisin du dessus, prétendant que les raisins prenaient plus de force et devenaient plus gros.

Cette manière de cultiver la vigne ne peut guère réussir, surtout dans la Côte-d'Or. Les terrains ne sont pas assez forts et les ceps pas assez gros pour pouvoir se porter eux-mêmes. Les noiriens, qui exigent une culture bien suivie, doivent être étendus sur la terre pour que leurs fruits puissent réussir. Le gamet ne peut pas non plus se porter de lui-même, surtout quand il abonde en raisins. Souvent, dans les temps d'orage, et lors même qu'ils sont attachés à des pesseaux, les ceps ne laissent pas d'être renversés par terre.

Que serait-ce donc, s'ils n'avaient point d'appui ? Au reste, on ne pourrait plus faire de provins, le bois étant trop court l'année suivante ; il n'y aurait pas assez de feuilles pour garantir les raisins du soleil et de l'intempérie de la saison.

Il vaudrait mieux agir de la même manière que lorsqu'on veut arracher une vigne. On la laisse sans pesseaux la dernière année ; mais quand le moment d'accoler arrive, on a soin d'attacher les raisins par-dessous, en coupant les

bourgeons deux ou trois nœuds plus haut que le dessus
des raisins.

ART. 19.

Nouvelle manière de cultiver les vignes sans pesseaux.

Pour remplacer les pesseaux dans les vignes, on peut se
servir de *beauxhommes* plantés en terre, et auxquels sont
adaptés des fils de fer d'une longueur convenable. A ces fils
de fer s'attachent les bourgeons de la vigne, dans le moment de la pousse, c'est-à-dire quand elle est prête à accoler.

Je n'ai pas encore mis à exécution ce genre de culture,
parce que je n'avais pas de propriétés convenables pour le
faire, et qu'il exige bien des précautions.

Il faut que les plants de vignes soient alignés par ordre
et à une distance plus considérable que celle que l'on met
entre eux dans la culture ordinaire. Il faut, en outre, que
la propriété où l'on fait cet essai soit assez étendue.

La distance qui sépare chaque rangée doit être d'un mètre,
à peu près ; mais si l'on veut laisser un plus grand espace,
afin d'y faire des provins et de doubler ainsi la vigne, il
faudra séparer les rangées de deux mètres vingt centimètres. C'est la seule distance que permettent des beauxhommes. Quand les jeunes plants sont venus, on peut alors
les coucher pour doubler les ceps, et, au moyen de ces
provins, on arrive à mettre une distance d'un mètre dix
centimètres entre chaque rangée, comme nous le disions
plus haut.

La vigne ainsi plantée, on dispose des morceaux de bois
d'un mètre quatre-vingt-deux centimètres de longueur, sur
six seulement d'équarrissage : à ces morceaux de bois doi-

vent être plantés quatre clous, à une distance proportionnée, afin de recevoir les fils de fer. Ils seront ensuite fichés en terre dans les rangées, à une profondeur d'environ trente-trois centimètres, afin qu'ils puissent servir de tuteur. Pour les empêcher de se pencher du côté des fils de fer, on pourra les étayer avec des morceaux de bois. Quant à la distance que ces beauxhommes doivent avoir entre eux, elle varie selon la longueur de la vigne. Ordinairement elle est de trois mètres environ.

Les beauxhommes, hors de terre, ne doivent pas avoir plus d'un mètre cinquante centimètres de hauteur. Le premier fil de fer aura trente centimètres de terre seulement, et comme il doit porter les fruits, il faut qu'il soit plus gros que les autres. Le plus élevé est à douze centimètres au-dessus des beauxhommes ; les deux autres sont à une distance proportionnée l'un de l'autre.

La vigne, une fois pesselée de cette manière, demande à être cultivée comme ailleurs. Il ne faut pas laisser les ceps s'élever jusqu'au premier fil de fer, mais les entretenir le plus bas possible. Cela dépend de la force du terrain.

Quoique ce genre de pesseaux ressemble à un treillage, les ceps doivent être traités comme il a été dit à l'article *de la Taille de la Vigne.*

Cependant il ne faut pas élever les ceps jusqu'au fil de fer.

Quand la vigne est grande, il faut l'accoler le long des fils de fer et séparer les bourgeons les uns des autres, afin que le treillage soit entièrement garni, et que les raisins profitent mieux ; mais il ne faut jamais que la vigne dépasse les beauxhommes.

Dans les noiriens, où les ceps doivent être étendus sur la terre, il faudrait que les rangées des ceps fussent en long, ainsi que les beauxhommes ; le premier fil de fer ne devrait avoir que dix centimètres de hauteur, parce que les bons vins ne réussissent pas aussi bien quand leur taille s'élève trop.

Pour conserver les beauxhommes, il faudrait brûler ou goudronner la partie qui doit entrer en terre ; celle du dehors, on la mettrait en couleur, ainsi que le fil de fer. Sans cela le fil de fer, se rouillant facilement, serait bientôt coupé.

Des maladies de la vigne.

Les principales maladies qui surviennent à la vigne, sont le *farciner* (ou *meureiger*) et le *rougeot*. Cette dernière est peu de chose ; mais l'autre est bien terrible, elle endommage considérablement les vignes, qui s'en ressentent pendant longtemps ; il faut quelquefois les arracher pour les en garantir. Le meureiger ou farciner (c'est ainsi que s'expriment les cultivateurs) n'a lieu que dans les terrains froids où la vigne est très-forte et très-abondante. C'est surtout dans celle-là qu'elle fait le plus du ravage.

Quand une vigne est atteinte de cette maladie, on le voit la veille de la pousse : les ceps sont tout noirs ; lorsque le moment de la pousse est venu, ils restent dans le même état ; leur sève se perd, et il n'y a que la grande chaleur qui puisse leur faire pousser quelques bourgeons ; car ils ne produisent jamais que bien peu de raisins. Les bourgeons sont tout frisés, les feuilles brisées ; le cep paraît avoir été coupé en terre. C'est qu'en effet les racines sont rongées ou pourries jusqu'au tronc. On dirait qu'il va se former de petites boules à leurs extrémités.

Dans les terrains où la vigne craint cette maladie, il

est bien difficile de l'en préserver entièrement ; cependant il est possible de la garantir de trop grands ravages. Pour cela, on plante les ceps à peu de profondeur ; on fait les provins à fleur de terre, et ainsi les ceps sont moins dans la terre froide. Le rougeot est une maladie produite par une matinée froide, ou une gelée, par exemple, suivie d'un soleil ardent. Cette chaleur subite sèche les feuilles des vignes, et les fait tomber avant la maturité des raisins.

Ceux-ci en souffrent beaucoup, car ils ne mûrissent jamais aussi bien, et le vin en a moins de qualité.

DES INSECTES QUI DÉVORENT LA VIGNE.

De la manière de les détruire.

Ces insectes sont en grand nombre, ce sont : les écrivains, les ulberts, les vers, les chenilles, le germe de hanneton, les hannetons, les cigales, les escargots, les limaces, les rats et le lézard.

ÉCRIVAINS. — Les écrivains sont des insectes d'un rouge jaunâtre, et dont la grosseur n'égale pas la moitié d'un pois. Ils sont quelquefois si nombreux qu'ils dévorent la pousse presque entièrement. Ils s'attachent aux ceps avant leur épanouissement. Aussitôt que les boutons semblent s'ouvrir, on voit les écrivains entrer dedans et les couper. Quand ils n'ont pu, par leurs ravages, empêcher la pousse de la vigne, ils écrivent sur les feuilles qu'ils mettent comme de la dentelle. Il en est de même des raisins qu'ils rayent en tout sens. Les raisins, ouverts par leurs piqûres, en deviennent malades ; ils ne valent plus ce qu'on aurait pu en attendre.

Les écrivains ne se contentent pas de dévorer la vigne pendant la bonne saison ; à la veille de l'hiver, ils rentrent en terre pour ronger les racines des ceps, en sorte que lorsqu'ils sont en grande quantité, la vigne ne peut pas y venir. Ces insectes occupent ainsi un terrain pendant plus de dix ans ; plus on fait d'améliorations, plus ils dévorent la vigne, qui finit par n'avoir plus de taille. Le fumier qu'on pourrait y mettre, échauffant la terre, en produit encore davantage. Quand une vigne est vieille, le mieux à faire, c'est de l'arracher, parce qu'on la cultiverait en vain, elle ne produirait jamais grand'chose. Il est certains endroits où les écrivains ne restent pas. Dans les vignes où l'eau séjourne quelque temps, pendant l'hiver, ils sont noyés et détruits ; le long des routes où le vent chasse la poussière ; on en aperçoit point; il paraît que la poussière ne leur va pas. Certains cultivateurs, s'appuyant sur cette observation, jettent du plâtre dans leurs vignes au moment de la pousse ; mais il paraît que cela fait peu de chose. Il faudrait recommencer plusieurs fois de suite. Peut-être arriverait-on par là à les éloigner.

DES ULBERTS. — L'ulbert est un insecte de la même grosseur que l'écrivain et presque de la même couleur, car il est d'un vert doré. La forme est un peu plus allongée, sa tête et son cou sont faits en forme de trompe, mais il y a bien peu de différence entre lui et l'écrivain ; celui qui ne les connaît pas pourrait s'y tromper.

L'ulbert apparaît dans les vignes un peu plus tard que l'écrivain. Ces insectes se trouvent en si grande quantité, qu'ils tiennent des climats entiers, rongeant la vigne à mesure qu'elle pousse, et se transportant ailleurs quand ils ont tout dévoré.

On rencontre souvent des parcelles de terrain tellement endommagées, que la vigne ne peut plus pousser ni en bois, ni en fruits, vous diriez que le feu y a passé.

C'est peu de chose qu'une vigne tant qu'elle est occupée par ces insectes ; mais une fois qu'ils l'ont quittée, vous la voyez reprendre plus de force qu'elle n'en avait jamais eu ; la première année elle produit beaucoup de bois, et la seconde du fruit en abondance.

Il peut se faire que l'ulbert, comme l'écrivain, ronge pendant l'hiver les racines de la vigne ; cependant elle a plus de force que quand elle est en proie aux écrivains. Voici ce que fait l'ulbert dans les vignes. Aussitôt que le bourgeon a plus de vingt-cinq centimètres de hauteur, l'insecte se met après les feuilles, il fait une incision sur la queue, et roule cette feuille en forme de cigare ; c'est là qu'il dépose ses œufs. Cette feuille, se desséchant peu après, laisse le raisin à découvert, ce qui lui fait un tort immense pour la maturité, d'autant plus que l'ulbert choisit toujours les plus grosses, et celles qui sont le plus près du fruit.

Mais l'ulbert est moins redoutable que l'écrivain ; il ne fait pas autant du mal à la vigne.

DES VERS. — On ne saurait croire comment se forment ces insectes : ils se trouvent dans les raisins et les feuilles au moment où la végétation est un peu avancée. Certains vignerons prétendent qu'ils sont produits par l'humidité ; cependant on en rencontre autant dans les temps secs que dans les temps humides. Cela dépend des années.

Quand le bourgeon a plus de trente centimètres de hauteur, on trouve de ces vers dans les raisins et dans les feuilles. Ils coupent les branches du raisin ou s'introduisent dans la queue, ce qui le fait sécher. Quant à la feuille, ils la replient sur elle-même ; puis, ramenant dans cette feuille le dessus du bourgeon, ils le coupent. La vigne devient alors incapable de prendre aucun amendement.

Ces insectes se rencontrent quelquefois dans un climat en si grande abondance, qu'ils enlèvent toute la récolte, et cela souvent pendant plusieurs années. Après avoir ravagé la vigne pendant le printemps, ils reviennent au commencement de l'automne, coupent le raisin et le font pourrir.

Ces vers n'ont guère plus d'un centimètre et demi de longueur, ils ne sont pas plus gros qu'une pointe de Paris ; leur tête est noire et le reste du corps est blanc. Ils se métamorphosent en papillons blancs. Aussitôt que le mois de juillet arrive, le papillon va déposer ses œufs sur les arbres et sur les haies; les œufs éclosent, et il en sort des chenilles, qui dévorent un peu les feuilles.

Les chenilles y déposent leurs œufs à leur tour ; après l'hiver, il en sort des vers qui exercent dans les vignes les ravages que nous avons mentionnés.

On ne connaît pas de moyen pour les détruire. Quand on accole les vignes, ils se laissent tomber à terre et l'on peut les écraser ; ou bien, si la terre est chaude, ils se brûlent et périssent. Il est des propriétaires qui pour les détruire font ôter toutes les feuilles où ils se trouvent. Il vaudrait mieux les y écraser dedans.

DES CHENILLES. — Deux espèces de chenilles endommagent la vigne : les unes se rencontrent sur les arbres et sur les haies, les autres se trouvent dans les vignes, sur des herbes appelées *chenilleries*. Les chenilles qui se rencontrent sur les arbres et les haies sont le produit de ces petits vers qui rongeaient la vigne l'année précédente. Le vent les emporte loin des arbres : c'est ainsi qu'elles arrivent dans les vignes au moment de l'épanouissement. La pousse n'étant guère avancée dans ce moment, une seule chenille peut ronger les boutons de plusieurs ceps, ce qui fait un dégât considérable quand elles se rencontrent en grande quantité.

Quant aux chenilles noires, qui naissent dans les vignes, elles apparaissent à peu près dans le même temps, mais elles sont beaucoup plus grosses que les autres.

Il en est qui ont au moins cinq centimètres de long sur un doigt de grosseur. Quand la vigne commence à pousser, ces chenilles recherchent les ceps où les boutons sont très-avancés : s'il s'y rencontre de cette herbe qu'on appelle chenille-rie, c'est un bonheur, car les chenilles la dévorent, et pendant ce temps laissent la vigne tranquille. Mais plus cette herbe est abondante, plus les chenilles sont nombreuses, ce qui porte à croire qu'elles se forment dans ces herbes.

Les chenilles ne font pas autant du mal que l'écrivain et les vers ; aussitôt que les bourgeons durcissent un peu, ces insectes montent sur une taille ou sur un pesseau et y périssent.

DU GERME DES HANNETONS. — Le germe des hannetons est un gros ver blanc, de la longueur de cinq à six centimètres, et de la grosseur du doigt : on l'appelle germe de hanneton ou plutôt *cotereau*. Cet insecte ne vit que dans la terre, où il ronge la racine des plantes. Il vit à peu près trois ou quatre ans, puis se métamorphose.

Pendant l'hiver, cet insecte reste en terre à une certaine profondeur, c'est-à-dire entre la terre végétale et la fondation du terrain. Au printemps, quand de douces pluies viennent échauffer la terre, le cotereau monte à fleur de terre : c'est là qu'il exerce ses ravages. Quand il rencontre un jeune cep ou une saillie de provins, il ronge l'écorce tout autour, mais seulement dans un petit espace. Le cep périt infailliblement. Quelquefois il végète encore, lorsqu'il a des racines au-dessus de l'incision. Le mieux à faire, c'est d'arracher cet arbre devenu stérile et à demi-mort.

Le cotereau descend en terre au mois de juillet et remonte un peu en automne pour redescendre enfin entièrement au fond de la terre végétale. C'est là qu'il se métamorphose après avoir acquis la grosseur voulue.

Il y a des terrains qui en sont considérablement infestés. Le moment de les détruire, c'est au temps du second labour, appelé vulgairement *refument*. Les cotereaux se trouvent à fleur de terre, on peut alors tenir le terrain avec précaution et les tuer à mesure qu'on les rencontre, ou les exposer au soleil, leur plus grand ennemi. Tous les quatre ans on les rencontre en plus grande abondance, cela ne manque jamais. On pourrait donc profiter de ces années pour en détruire le plus possible ; il s'en trouverait évidemment beaucoup moins les années suivantes. Le cotereau aime surtout les terres légères et chaudes ; comme elles sont moins fermes que les autres, elles en ressentent bien plus de dommage.

DES HANNETONS. — Les hannetons sont de la grosseur du bout du doigt; ils peuvent avoir cinq centimètres de long. Leurs ailes sont d'un rouge marron, le reste du corps est un peu blanc à côté et noir dessous.

Cet insecte sort de terre aussitôt après l'épanouissement des plantes, dans les premiers jours de mai, et il subsiste jusqu'au mois de juin; il dévore les arbres pendant que la végétation est encore peu avancée. Quand il y en a beaucoup, ces insectes dépouillent entièrement les arbres. De même que les cotereaux, ils apparaissent tous les quatre ans en plus grande abondance. C'est alors qu'ils mettent les arbres à nu, et qu'après les avoir ruinés ils se jettent sur la vigne, mangent les raisins et les feuilles sans distinction.

On ne saurait se faire une idée du mal qu'ils causent; deux ou trois de ces insectes suffisent pour ronger tellement un cep qu'il ne peut plus repousser, ou s'il repousse encore quelques bourgeons, ils sont fluets et délicats; la vigne n'a point de taille l'année suivante, elle ne produit presque rien. Il paraît que la morsure de cet insecte est malpropre. Le meilleur moyen de détruire les hannetons, c'est de les tuer. On peut tous les matins les prendre après les ceps et les porter hors de la vigne pour les écraser. Les noiriens surtout en sont infectés.

DE LA CIGALE. — La cigale ne sort de terre que lors des grandes chaleurs, pour la fleuraison des raisins. Elle est grosse comme le hanneton, mais plus jolie; les ailes sont d'un jaune clair, son corps d'un rouge noirâtre. Elle se distingue par son chant criard et importun.

Quoique la cigale vive sans rien manger, à ce que l'on prétend, elle ne laisse pas de faire tort à la vigne. Voici comment : Elle monte après les bourgeons et leur fait une petite incision pour en sucer le jus; le bourgeon en devient fragile, et on pourrait le casser en s'en servant l'année suivante pour des provins.

C'est là le seul mal que fasse la cigale.

DE L'ESCARGOT. — L'escargot est une limace à coquille. On en connaît de deux espèces : les uns sont noirs, blanchâtres, les autres d'un jaune clair : on les connaît vulgairement sous le nom de *dames*. Les noirs sont comme une grosse noix; quant aux jaunes, ils ne valent pas le bout du pouce. Leur coquille est toute ronde, mais un peu aplatie d'un côté.

L'escargot se place le long d'un mur, au pied d'un cep, à cinq ou six centimètres de profondeur: là, caché et enseveli dans sa coquille, il reste sans rien manger depuis le mois d'octobre jusqu'à la fin d'avril. Mais aussitôt que le soleil commence à se faire sentir, et qu'une petite pluie douce vient échauffer la terre, l'escargot sort de son tombeau; il se traîne sur les ceps, s'ils ne sont pas épanouis, suce la sève quand il y en a et se renferme de nouveau, quand le temps n'est pas humide, car cet insecte ne marche que par la pluie, et il le fait si lentement qu'il lui faut plus d'une demi-heure pour parcourir l'espace d'un mètre.

L'escargot va d'un cep à l'autre, cherchant sa nourriture. Aussitôt que la vigne commence à s'épanouir, quelquefois même au moment que les bourgeons apparaissent, il les ronge jusqu'à la taille. Quoiqu'il soit très-long dans sa marche, comme les ceps sont un peu éloignés l'un de l'autre, il en a bientôt franchi la distance et dévoré tous les bourgeons. C'est surtout dans les bons vins que cet insecte exerce ses ravages; on l'y rencontre en plus grande quantité.

Mais lorsque les bourgeons sont trop forts pour être détruits, l'escargot s'attaque aux feuilles qu'il lèche; il lèche aussi les raisins au moment même de leur maturité. Rien n'est plus facile que de détruire ces insectes. Ils se montrent, avons-nous dit, en temps de pluie, et on les rencontre sur la terre ou contre les ceps. On peut alors les prendre pour les écraser, ou bien pour les faire jeûner, comme on dit vulgairement, afin de les manger ensuite. Mais il faut profiter de ce moment pour les faire périr. Plus tard ils auraient déposé leurs œufs, on les retrouverait la même année éclos.

DE LA LIMACE. — La limace est un insecte semblable à l'escargot, mais sans coquille; elle lèche toutes les plantes qui se trouvent devant elle.

Les limaces ne sont pas aussi nombreuses dans les vignes que les escargots, c'est la seule raison pour laquelle elles y font moins de mal. Elles se traînent dans les vignes au moment de la pousse, afin de manger les bourgeons; à la veille des vendanges, elles lèchent les raisins. On les trouve presque toujours le long des murs, à l'ombre.

Les limaces font autant de mal que les escargots: elles sont aussi faciles à détruire. Par la pluie ou par un temps humide, on peut aller dans les vignes où l'on sait qu'elles sont, et les écraser sur place.

Pour détruire en totalité les limaces et les escargots, il serait utile, dans le commencement de la bonne saison, de répandre de la chaux vive dans les vignes.

DES GROS RATS ou *ravoux*. — Les rats de vigne dits vulgairement *ravoux*, sont de la même nature que les autres; seulement il paraît qu'ils ne vont pas dans les maisons. Ils dorment, dit-on, pendant tout l'hiver et se réveillent à l'entrée de la bonne saison.

Ces petits animaux courent le long des murs, où ils se logent. Au commencement de la bonne saison, ils coupent les bourgeons qui les avoisinent ; mais en automne ils dévorent les raisins, vendangeant ainsi quelquefois tous les ceps qui avoisinent leur demeure.

Ils sont très-agiles, et l'on ne parvient presque jamais à les prendre, parce qu'ils se jettent dans le premier trou qu'ils rencontrent. Le seul moyen de les détruire, c'est de les empoisonner ; il faut pour cela mêler un peu d'arsenic avec quelques aliments qu'on dispose près de leurs trous.

DU LÉZARD. — Les lézards sont de petits reptiles dont la grosseur égale celle du doigt, et qui n'ont pas moins de dix-sept centimètres de long. Ils se logent dans les rochers, les murs, les murgets, etc. ; dans la bonne saison ils courent dans les vignes.

Les lézards coupent quelquefois les bourgeons au temps de la pousse. Mais le plus grand dégât qu'ils commettent c'est de manger les raisins le long des murs, au temps de la vendange. Ils déposent leurs œufs sous les ceps de vigne.

Ces reptiles, étant très-légers, sont par là même difficiles à détruire.

Des gelées qui font tort à la vigne.

Les gelées qui endommagent la vigne sont : *les gelées d'hiver, la mortalité des ceps* et les *gelées du printemps.*

DES GELÉES D'HIVER. — Les vignerons appellent ces gelées des *bourres cuites* ou boutons cuits. Elles ont lieu en hiver, seulement quand il y a de la neige et que le bois de la vigne n'est pas encore mûr, ou qu'il y a un petit mouvement de sève. Voici comment se font ces bourres cuites :

En temps de neige, après une forte gelée blanche, qui

s'est attachée comme du verglas aux ceps de la vigne, il arrive quelquefois que le soleil, se montrant dès le matin, fait dégeler un peu ce verglas, et humecte ainsi le sarment avec les boutons ; mais comme sa chaleur est bientôt passée, et qu'il gèle de nouveau plus fort que la première fois, avant que l'humidité des ceps et des boutons ait eu le temps de disparaître, les boutons se trouvent surpris par le froid et périssent : c'est là ce qu'on appelle des bourres cuites.

Les vignes bien situées ne redoutent point ces gelées ; mais pour peu que le terrain soit bas il est exposé à s'en sentir. Le dessous du cep est surtout sujet aux bourres cuites : si la gelée est bien forte, les boutons sont atteints jusqu'au dessus. Au moment de la taille, ces boutons se détachent du cep et tombent en poussière.

Quand ces gelées ont été fortes, si l'on veut avoir du raisin, il faut laisser plusieurs petites tailles de un ou deux boutons par cep. Comme le bois de la vigne doit en ressentir beaucoup de mal, on ne laissera guère de provins, parce qu'ils sont très-difficiles à coucher, et souvent ils ne poussent pas bien.

Les gelées d'hiver sont bien plus redoutables que celles du printemps. Les ceps ne peuvent plus pousser que dans le pied, et plus tard qu'à l'ordinaire ; ils ne produisent presque point de raisins. L'année suivante, on se voit obligé de tailler les branches à l'endroit où elles ont poussé ; l'on démonte ainsi la partie du cep qui est morte et celle qui est trop haute.

DE LA MORTALITÉ DES CEPS. — Les ceps ne périssent ordinairement que sur la fin de février, dans le courant de mars ou dans les premiers jours d'avril.

Souvent, au commencement de l'année, il fait des temps doux et même chauds, qui durent longtemps parfois : cela suffit pour faire monter la sève et pleurer les ceps ; alors la sève étant trop abondante, se répand au dehors. S'il survient alors des froids ou de la gelée, et un fort hâle, les ceps, n'ayant pas eu le temps de sécher, gèlent avec la sève ; les vigoureux en souffrent beaucoup, les plus mauvais périssent. C'est dans les bons vins, où les ceps sont longs, que cette gelée fait le plus de mal.

Il arrive quelquefois qu'elle favorise les cultivateurs ; car

elle fait périr les mauvais ceps, ceux qu'on aurait négligé
d'arracher. Mais quand la vigne est bien entretenue ou qu'elle
est jeune et vigoureuse, elle ne périt jamais par suite de
la gelée, à moins que celle-ci n'ait été par trop forte, ou
que le terrain soit très-humide. Ordinairement les ceps attaqués repoussent au pied, mais ils ne reproduisent pas de
raisins les premières années.

Quand la vigne a souffert de la gelée, il faut arracher les
ceps morts ou les couper à fleur de terre; alors ils repous-
seront et l'on pourra s'en servir en temps pour faire des
provins, dans le cas où il y en aurait trop de morts les uns
vers les autres. Cependant il vaudrait mieux en coucher
d'autres qui n'aient pas souffert de la gelée, parce qu'il leur
faut trop de temps pour revenir à leur état ordinaire, d'autant
plus que le cep perd de sa qualité.

DE LA GELÉE DU PRINTEMPS. — La gelée du printemps a
lieu au mois d'avril et dans la première quinzaine de mai,
c'est-à-dire lorsque la vigne s'épanouit ou que ses boutons
sont un peu gonflés. Il n'est rien qu'elle redoute plus que
la gelée et le froid. Pour peu qu'il gèle les matins elle s'en
trouve endommagée.

Le temps est très-variable dans cette saison, il survient
tantôt des pluies froides, tantôt de la neige ou du grésil.
Ces contre-temps engendrent naturellement la gelée. Quelquefois aussi, lors même qu'il n'est rien arrivé de fâcheux
après ces mauvais temps, il suffit d'une matinée fraîche
pour tout perdre.

Pour que la vigne gèle, il faut que le temps soit calme et
le ciel serein, qu'un soleil ardent vienne ensuite donner un
instant sur les vignes. Ainsi c'est le soleil qui fait le mal.
Lorsque le temps est couvert et que le vent souffle, jamais
la gelée n'est aussi considérable, car elle se tourne ensuite
en rosée, et les petits bourgeons dégèlent sans en ressentir
aucun mal; ils ne gèlent même pas du tout s'ils ne sont
pas mouillés. Les vignes qui sont recouvertes d'arbres ou
défendues par de hautes murailles sont bien moins sujettes
à la gelée.

En général, on peut dire que toutes les vignes redoutent la
gelée, excepté celles des pays tout-à-fait chauds. Cependant
il est des climats qui gèlent beaucoup moins que d'autres;
quelquefois même différentes parties du même climat.

Il gèle parfois pendant deux ou trois années de suite dans

le même endroit, cela dépend un peu de la position des vignes et de la nature des terrains.

Les vignes qui sont plantées sur les hauteurs et dans la côte gèlent bien moins facilement que celles de la plaine. De même aussi les terres noires sont plus sujettes à la gelée que la terre blanche ; c'est, à ce qu'il paraît, parce qu'il s'y forme plus de rosée. Pour éviter à la vigne cet accident, il faut prendre garde de remuer la terre quand le temps est froid.

Malgré le froid de la journée ou de la nuit, la vigne ne gèle que le matin au lever du soleil, dans l'espace d'une demi-heure, à peu près.

Elle est exposée à cet accident depuis le moment de la pousse jusqu'à celui de l'accolement. Lorsqu'il gèle et que les boutons commencent à gonfler, ils tombent en poussière ; s'ils sont un peu longs, ils fument et périssent. Cependant il en est qui survivent, et dont les feuilles seules sont perdues ; mais la vigne en devient toute noire, et elle est longtemps sans repousser.

Si les ceps ne sont pas bien avancés quand la gelée arrive, ils repoussent contre le *collet* de la taille ou contre celui du bouton. Si, au contraire, ils sont déjà longs, la pousse se fait près des bourgeons ou sur le vieux bois, ou enfin dans la terre. Dans ce dernier cas, il faut bien se garder de découvrir les bourgeons en travaillant, afin que le soleil ne puisse pas les brûler.

Après une gelée, il reste bien peu de raisins dans une vigne, car tous les bourgeons attaqués sont quasi perdus ; quant aux autres ils profitent toujours. Quand cette gelée n'est pas bien forte, elle exerce ses ravages au hasard. Souvent à côté des ceps perdus, il s'en trouve d'autres qui n'ont aucun mal, et parmi les bourgeons d'un même cep les uns sont gelés, les autres sont intacts. Cela dépend, comme on l'a déjà dit, de leur position : plus les ceps sont élevés moins ils craignent la gelée ; c'est au niveau du sol qu'elle fait le plus de mal.

Si la saison est déjà avancée, les raisins que la vigne donne après cet accident ne pourront être vendangés en même temps que les autres ; on pourrait, dans ce cas, faire deux vendanges ; mais il ne faut pas compter d'avoir du bon vin cette année là, car il est parti avec la gelée.

DE LA GRÊLE. — La grêle endommage beaucoup les

vignes du département de la Côte-d'Or, elles y sont exposées pendant le printemps et l'été. Le moment où elle est le plus dangereuse, c'est quand il se forme de gros nuages par un temps chaud et étouffant. Si la grêle n'est pas abondante, elle ternit un peu les bourgeons, mais ils se remettent bientôt. Il n'en est pas de même quand elle a été violente ; la grêle, étant poussée par le vent, coupe les raisins et les bourgeons ; elle fait tomber toutes les feuilles.

Quand les bourgeons sont tendres, ils ne résistent qu'avec grande peine ; s'ils sont plus avancés, ou que les raisins soient passés de fleur, la grêle blesse tellement les grumes qu'elle les fait sécher. A la veille des vendanges, le vin en reçoit un mauvais goût, ce qui cependant n'arrive pas, si les raisins ont bien le temps de sécher avant qu'on les coupe.

Quand la grêle tombe au mois de mai, la vigne, comme nous l'avons dit, étant très-tendre en souffre beaucoup ; le raisin est quelquefois coupé tout entier ou bien il en reste peu de chose. Ce reste pourrait reprendre si la température était bonne ; mais le plus souvent il sèche et périt. Quand, au contraire, les vignes sont accolées, et que le raisin n'a qu'une partie endommagée, l'autre partie arrive à maturité. Si c'est un peu tard, ils se perdent jusqu'à la vendange.

Si les vignes n'ont pas été par trop criblées, cela ne dérange en rien la taille du cep, seulement si le bois est bien endommagé, cela le rend plus fragile.

Si l'on veut s'en servir pour faire des provins, il faut bien choisir son temps pour les coucher, car ils se cassent facilement. Du reste, si l'on réussit à le faire, les plants auront beaucoup de force, car il paraît que les racines poussent en quantité dans les blessures que la grêle a faites.

DE LA FLEUR DES RAISINS. — La fleur du raisin se passe du premier au quinze juin. Malgré la bonne saison, il peut arriver des fraîcheurs qui fassent couler le raisin, en sorte que les grains se détachent de la grappe.

Cela se voit encore assez souvent avec les matinées fraîches, des avaries de pluie froide et un soleil qui se montre tout-à-coup brûlant. Il est très-rare alors que les raisins ne coulent pas, surtout quand ils défleurissent.

La fleur une fois passée, les raisins mûrissent bien vite, ils résistent plus facilement aux fraîcheurs qui surviennent, où s'ils en sont un peu retardés ils regagnent le temps perdu pendant les chaleurs.

Le raisin met cent jours pour mûrir, quelque temps qu'il puisse faire. S'il survient des pluies ou des temps contraires, il n'en éprouve point ou peu de retard ; en quelques jours, il reprend sa vigueur. Mais il y a une grande différence pour la qualité du vin. Quand la saison a été tempérée, que les mois d'août et de septembre sont chauds, qu'il ne tombe point de pluie pendant les vendanges, le vin est excellent : c'est la température qui produit en partie la qualité.

DE L'OIDIUM. — Ce terrible fléau qui ravage tant de vignobles, est heureusement insignifiant en Bourgogne. Cependant il y a eu de faibles apparences de cette maladie, mais l'on s'en est à peine aperçu dans les vignes. En 1853, à l'époque de la pousse, il y a eu des ceps atteints de l'oidium par des rougeurs sur les feuilles, et d'autres maladifs et sans vigueur ; lorsque les chaleurs sont survenues, le mal a disparu totalement. Au mois d'août de la même année, les raisins se sont trouvés un peu atteints d'une moisissure blanche, telle que la poussière, que le soleil a fait disparaître, sans qu'ils en aient conservé la moindre trace à l'époque des vendanges, et ont été mêlés aux autres sans distinction ; l'année après, à la même époque, la moisissure a reparu sur les raisins, mais le mal a disparu totalement.

Il n'en a pas été ainsi sur les treilles ; la même année au mois d'août, les raisins ont pourri et séché complètement ; les années suivantes, les bourgeons de ces treilles étaient sans vigueur, les raisins ont dépéri avant d'avoir pu atteindre leur grosseur ordinaire, et depuis leur maladie ces treilles ont à peine produit du fruit en bonne maturité.

Aucun remède ne peut être apporté à ce terrible fléau, il faut que la maladie suive son cours.

Dans les riches coteaux de la Côte-d'Or, dans les localités voisines de Beaune, il existe en abondance, pour les vins ordinaire, des plants qui peuvent résister à une grande partie des accidents qui surviennent à la vigne.

A la suite d'une gelée totale des vignes, il est survenu une seconde végétation qui a produit à peu près la moitié des raisins de la première.

Après une coulaison générale, il est encore resté suffisamment du raisin pour produire une quantité de vin de la moitié d'une abondante récolte, et généralement cette demi-récolte vaut mieux pour les propriétaires de ces vignes que s'il n'était point survenu d'inconvénient atmosphérique.

L'on a vu de ces plants, cultivés dans de petits terrains, donner, dans une seule année, un produit de plus de valeur que la propriété.

L'on peut donc justifier de l'abondance de ces plants, car généralement, avec la même culture d'un autre, l'on en retire plus du double de revenu que dans les vignes voisines, plantées d'anciens plants, surtout dans les années qu'il survient des intempéries, et de plus un vin passable.

Des années de bon vin, de disette et d'abondance.

Nos anciens propriétaires ne peuvent s'accorder sur les années de bon vin ; ils prétendent généralement qu'il faut près de dix ans pour avoir une année de vin fin, et cependant, d'après la récapitulation de ce tableau, il n'en faut pas cinq, en comptant depuis le commencement du siècle jusqu'à ces jours ; il me semble que les années précédentes auraient dû être de même.

En se basant sur une période d'années de près de 60 ans, l'on peut se justifier sur l'avenir.

L'on n'a presque jamais connu la qualité des vins en pri-

meur ; ils sont méprisés par les commerçants, ou, par un défaut d'expérience, des propriétaires ; très souvent on ne connait
leur qualité qu'après que les mauvaises années sont survenues.

Sans même tenir compte des années où le vin a été d'assez
bonne qualité, il paraît qu'il ne faut environ que cinq ans pour
rencontrer une année de vin fin première qualité.

1800. Grande abondance, très-bonne qualité.

1801. Peu de vin, mauvaise qualité.

1 1802. Abondance pour les bons vins, gelée totale pour les gamets, bonne qualité.

1803. Quantité ordinaire, petite qualité.

1804. Malgré la grande humidité, abondance et qualité.

1805. Neige avant les vendanges, abondance, mauvaise qualité.

2 1806. Quantité et qualité.

3 1807. Quantité et qualité.

1808. Quantité ordinaire, qualité passable.

1809. Assez bonne quantité, qualité passable.

1810. Petite quantité, sans qualité ; vin qui a beaucoup perdu en vieillissant.

4 1811. Vin de la comète, vin fin, gelée en général.

1812. Grande abondance, mauvaise qualité.

1813. Très-peu de vin, point de qualité.

1814. Mortalité en général de ceps, peu de vin, point de qualité.

5 1815. Gelée totale, première qualité.

1816. Coulaison, manque total, le plus mauvais vin connu.

1817. Très-peu, très-mauvaise qualité.

1818. Grande abondance, qualité ordinaire.

1819. Quantité ordinaire, bonne qualité.

1820. Peu de vin, point de qualité.

1821. Ni quantité, ni qualité.

6 1822. Abondance ordinaire, première qualité, vin fin.

1823. Coulaison générale, point de qualité.

1824. Peu de qualité, petite quantité.

7 1825. Abondance ordinaire, première qualité, vin fin.

1826. Grande abondance, point de qualité.

1827. Grande abondance, point de qualité.

1828. Grande abondance, point de qualité.

1829. Grande abondance, mauvaise qualité.

1830. Mortalité générale des ceps, manque total, peu de qualité.

1831. Peu de vin, assez bonne qualité.

1832. Petite quantité, qualité passable.

1833. Quantité ordinaire, qualité passable.

8   1834. Très-bonne quantité, première qualité.

1835. Assez bonne quantité, petite qualité.

1836. Quantité, petite qualité.

1837. Quantité ordinaire, qualité passable.

1838. Gelée d'été, d'hiver, assez de quantité, point de qualité.

1839. Gelée d'hiver et d'été, peu de quantité et de qualité.

1840. Grande abondance, qualité passable.

1841. Grande abondance, petite qualité.

9   1842. Assez de quantité, première qualité, vin fin.

1843. Gelée en général, point de qualité.

1844. Bonne quantité, peu de qualité.

1845. Petite gelée, bonne quantité, mauvaise qualité.

10   1846. Quantité ordinaire, première qualité, vin fin, beaucoup d'alcool.

1847. Grande abondance, pas mauvaise qualité.

1848. Grande abondance, assez bonne qualité.

1849. Grande abondance, très-bonne qualité.

1850. Grande abondance, mauvaise qualité.

1851. Manque presque total, point de qualité.

1852. Manque total, coulaison, point de qualité.

1853. Petite gelée, peu de quantité, mauvaise qualité.

11   1854. Coulaison générale, première qualité.

1855. Coulaison générale, mauvaise qualité.

1856. Coulaison générale, mauvaise qualité.

CULTURE ORDINAIRE.

FAÇONS DE L'OUVRIER.

Prix approximatifs.

Plantation de la vigne, plant brut, le cent. . . .   f. 50 c.

Plant raciné, le cent 1 50

Plantation. . . . .   6 »

DE DÉCHAUSSER ET TAILLER LA VIGNE.

Bons vins, 75 centimes, gamet . . . .   1 50 c.

Sarmenter. . . . .   » 12

Bêcher. 1 25

Provins, le cent, 6 fr.; 25 par ouvrée 1 50

Ligature, 30 centimes.

Refue 1 25

Accoler . . . .   » 50

Retiercer 1 25

    Rogner, desherber, marquer et râper, le prix de
ces façons est synonyme, quoique d'une grande importance pour la vigne.

Dépesseler, 25 cent., aiguiser, 40 cent. . . . .   » 65

                      Total. . . . 8 02

    Le prix en totalité de l'ouvrée de vigne varie suivant comme
le terrain est difficile à cultiver, selon la vigueur de la vigne, et
dépend aussi de la générosité du propriétaire et de la capacité
de l'ouvrier qui la cultive.

    Enfin, pour une année, le prix d'une ouvrée varie de 6 à
10 francs, compris tous les soins qu'exige la vigne.

TABLE DES ARTICLES.

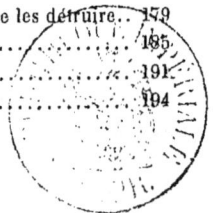

FIN.

www.ingramcontent.com/pod-product-compliance
Lightning Source LLC
Chambersburg PA
CBHW060533210326
41519CB00014B/3211